儿童叛逆期心理学

（完全图解版）

万刚◎编著

中国纺织出版社有限公司

内 容 提 要

　　逆反期是孩子生理、心理发展的必经阶段，是孩子由不成熟向成熟转化过程中的正常表现。如果孩子出现了逆反行为，父母应保持平和的心态，用积极的态度、科学的知识、正确的方法引导孩子。

　　本书列举儿童逆反期的种种行为，以生活化的案例，佐以深入浅出的理论阐述，引导父母了解逆反期孩子的身心发展特点，利用春风化雨的教育方式，引导孩子努力完善自我，健康成长。

图书在版编目（CIP）数据

儿童叛逆期心理学：完全图解版／万刚编著. --
北京：中国纺织出版社有限公司，2021.5
　　ISBN 978-7-5180-7827-1

　　Ⅰ.①儿… Ⅱ.①万… Ⅲ.①儿童心理学—通俗读物
Ⅳ.①B844.1-49

中国版本图书馆CIP数据核字（2020）第166638号

责任编辑：张　宏　　责任校对：高　涵　　责任印制：储志伟

中国纺织出版社有限公司出版发行
地址：北京市朝阳区百子湾东里A407号楼　邮政编码：100124
销售电话：010—67004422　传真：010—87155801
http://www.c-textilep.com
中国纺织出版社天猫旗舰店
官方微博http://weibo.com/2119887771
三河市延风印装有限公司印刷　各地新华书店经销
2021年5月第1版第1次印刷
开本：880×1230　1/32　印张：6
字数：108千字　定价：39.80元

前言

　　孩子的逆反现象，对许多父母而言，是一个不可言说的教育难题。建立家长式权威是历史悠久的传统，父母总希望孩子服从自己。可是，一旦孩子进入逆反期，亲子之间的矛盾往往比较激烈。

　　面对逆反期的孩子，父母常常抱怨："孩子就是不听话。"父母可曾问过自己：是否了解孩子的真正内心。事实上，每个孩子都会经历逆反期，而且还不止一次。逆反期指的是孩子在这个阶段的自我意识快速发展，对独立、自由有了迫切需要。孩子的第一个逆反期出现在自我意识萌发的时期，进入青春期的孩子身体已经发育成熟，觉得自己已经长大了，心理发育又尚未成熟，会遇到各种挫折，在身体与心理矛盾的自我纠结和成长中，开始有了更多的情绪体验。

　　孩子逆反期是成长过程中必要的阶段，自我意识开始逐渐形成，独立性急剧增强，不再被动地听从父母的教诲和安排，渴望用自己的眼睛去看世界，这种从被动到主动，从依赖到独立的转变，对于孩子来说是成长的必然之路。孩子在逆反期容易出现情绪化，容易激动，也容易悲伤，情绪多变，常常出现莫名的烦恼和焦虑。

　　面对逆反期，孩子自身也是始料不及的，难以控制自己，这一阶段需要父母的理解和接纳。父母不要因为孩子的一些变化，或者发现孩子的反常行为就大呼小叫、惊慌，更不能随意责骂，否则只会加剧孩子的逆反心理，增加亲子的隔阂。逆反期的孩子最渴望的是来自父母的尊重，他们渴望独立，希望父母可以理解，希望父母可以将自己当成大人，平等对待。在孩子的这个关键成长阶段，父母需要转变教育观念，放下高姿态，与孩子平等沟通，从单纯关心孩子生活起居到引导孩子身心发展和成长，并努力成为孩子的朋友。

编著者

2020年11月

目录

第 1 章

逆反意识，自我的萌芽

孩子进入逆反心理期，其独立意识和自我意识日益增强，不喜欢父母把自己当小孩，为了表现自己的不同，担心外界无视自己的独立存在，才产生了用各种手段、方法来确立"自我"与外界对立的情感。

孩子的第一反抗期

心理学家认为，2岁的孩子自我意识开始萌发，"我"字当头，想着反抗权威，所以往往与父母对着干，这就是孩子的第一反抗期。孩子表现得比较激烈，寻求强烈刺激，以发泄心中的不满。

在这一阶段，开始对父母说"不"，周围的事情他们都想大包大揽地干上一番，表现得非常自以为是。这时的孩子身体已经相当协调，能跑能跳，能抓能捏。他们进入了独立欲求的第一个反抗期，逆反是这个时候孩子的常见表现，也是对父母或者老师的要求做出的一些故意反抗的行为。

第一反抗期是孩子成长过程中的一个重要转折点，孩子的这一时期能否顺利度过对孩子今后的发展有很大的影响。在第一反抗期之前，孩子的生活都是由父母精心照料的，孩子的自由度较小，随着孩子独立意识的增强，自然要抵抗父母的约束。孩子出现逆反意味着长大，父母只有及时调整自己，适应孩子的变化，才可以做到与孩子一起成长。

孩子出现逆反时给人的感觉是火气很大，好像身体里充满了一股怨气。因此父母对待孩子的逆反期应该以疏导为主，尽可能避免与孩子针尖对麦芒地发生冲突，同时，父母要注意引导孩子，使孩子知道什么是对的，什么是错的，从而朝着正确的方向发展。

小贴士

1. 别指望孩子反思自己的行为

孩子发脾气时父母完全置之不理，想用无声让他懂得"错了"，这对两三岁的孩子而言是极不合适的。父母可以提前告诉孩子不能生气，否则就不让他玩玩具或者把玩具送人，这个方法有时不会起作用。因为2岁的孩子还不懂得"否则"是什么意思，也不会这样想问题：发火会导致没有玩具玩，不发火就有玩具玩，因此对孩子还需要适当的正面教育。

2. 教给孩子一些基本技能

这一阶段的孩子总是做不好一件事，心里着急，就容易发脾气。这时父母可以教孩子怎么做，比如，孩子玩积木总是滑下来，可以教孩子如何取得平衡；孩子投球老是投不准，接球又接不住，可以教他投掷或接应时，手的放和收的技能等。

3. 拒绝的同时给予适当安慰

对于孩子提出的要求，能满足的尽可能满足。比如孩子夏天想吃冰激凌，就让孩子吃一个；不过冬天冷，孩子想吃也不能给他吃。父母认为这是无理的要求，不过孩子却认为这两种情况是一样的，没有无理和合理的区分。当孩子提出所谓的无理要求时，可以用眼神、手势等方式让他懂得，这个要求父母不同意。但是，在拒绝孩子这个要求的同时，要给他合理的东西满足他。比如，不能给冰激凌，可以给一块小蛋糕。只是拒绝，没有给予，就达不到教育目的。

4.合理发泄情绪

遇到不愉快的事情，产生了不愉快的情绪，发泄比憋在心里要好。当孩子想发火的时候，引导孩子不要朝父母发脾气，而是把怒气发到布娃娃身上。

孩子的自我意识萌发期

孩子在开始认识自己的时期，有着两种矛盾心理：有心自己做事，又担心弄得失败。所以，假如孩子失败时，父母说："你看，你没按妈妈教的做，搞砸了吧。"结果，孩子就会慢慢失去信心，容易变成依赖父母的消极孩子。

于是，父母总是感叹：孩子缺乏积极性。不过这时父母应该反省一下，是否是自己扼杀了孩子想要自立的萌芽呢？尽管孩子开始认识自我，不过还缺乏自信，有时还会故意和父母作对，违背父母意志。在这个时期父母在培养孩子的过程中态度如何，对孩子的人格形成将起到很大作用。

帮助孩子形成健康的自我。所谓"自我"，指的是人们依据周围环境发展而形成的有关自己的情感和态度。而"健康的自我"指的是人们按照周围环境的反应发展而形成的有关自己的正确认识及积极的情感和态度。假如孩子形成了健康的自我，就会使他们意识到自己在这个世界上是有价值、有力量、有能力、有位置的。这将帮助孩子树立起自尊心、自信心，获得客观的自我知觉、积极的自我意向与公正的自我评价，为他们人格的和谐发展奠定坚实的基础。反之，就会使他们产生自卑感，丧失基本的自尊与自信，并导致自我知觉失真、自我意向消极、自我评价不公，从而使得人格的发展陷入混乱状态。

孩子对自我的认识过程，大概包括对以下三个问题的回答。第一个问题是："我是谁？"孩子要回答这个问题，需要有意识地了解自己——了解自己的身体、优缺点、兴趣、爱好，了解自己生活圈子里的父母、教师、同伴等。第二个问题："我是什么样的孩子？"孩子了解自己后，慢慢明白"原来我是这样的"。不过他们能否正确地认识自己并在此基础上接受自己，却在很大程度上受成人和同伴的影响。第三个问题是："我往何处去？"孩子了解并接受了自我，对自己今后的目标和计划也有了模糊和朦胧的意识，并对自己将来要做什么，想有什么样的成就等问题开始有了兴趣。

在孩子的自我发展中，由于自身心理发展水平的限制，尤其是认识发展水平的限制，孩子自我认识的发展的总体水平还是比较低的，他们还不能对自己进行独立、客观的评价，而往往按照父母的评价来评价自己。特别是孩子形成自我的第二个阶段，在这个阶段，父母的鼓励与支持是能够促进他们对自己积极的情感与态度的，而孩子能够接受自己，对自己形成积极的情感与态度，那他们就更有可能形成健康的自我。

🔷 小贴士

1. 引导孩子形成良好的人际关系

孩子健康的自我是通过人与人之间的互动形成的，父母应帮助他们以满腔的热诚、同情与仁爱之心走向社会，建立良好的人际关系。父母在与孩子相处时，要熟练地掌握和运用爱的策略，善于向孩子表露自己的喜怒哀乐，成人的情感世界通常比较内敛、含蓄，孩子的情感表达则直接而外露，这就要求父母将自己的情绪体验充分地表露在孩子面前，以达到交流的目的。当然，父母不但要善于真诚地向孩子坦露心迹，表达自己个人的一些内心感受，还要使孩子看到一个真实的父母形象，从而进一步强化彼此的情感联系。

2. 创造和谐的家庭环境

在平等和谐的家庭环境中，孩子能够自由表达自己的兴趣和爱好，表现出自己与别人的不同之处。在这样开放的环境里，人际关系亲密、平等，大家彼此尊重和关心，而不是以自己的要求去强求别人。父母在与孩子交往时，要把自己与孩子摆在一个平等的位置上。

3.鼓励孩子，让孩子充满自信

父母要常常鼓励孩子做自己力所能及的事情，并在孩子缺乏自信时给予开导、支持和鼓励，更重要的是，父母不要以自己的需要、要求代替孩子的需要和要求。

为了增强孩子的自信心，父母应该采取"不加判断"的态度。当孩子有某种经验、反应、感受时，父母必须把它看作是一种现实存在或真实表现加以接受，并鼓励他们坚持自己的观点。

父母只有真正接受孩子的现实，孩子才有可能接受自己，并认为自己是有价值的人，是值得被注意和接受的。在这样的基础上，孩子才能形成乐观的、积极的对自我的态度和信念。

4.为孩子保守秘密

父母一旦承诺为孩子保守秘密，就要严格遵守。假如不慎说了出去，一定要及时向孩子道歉，以得到孩子的谅解，同时也做好父母的榜样。

5.培养孩子对父母的信任感

孩子的隐私具有相对性，对不信任的人是隐私，对信任的人就不是隐私了。对此，父母需要尽量可能通过关怀、尊重等方式争取赢得孩子的信任。

孩子逆反期的特点

　　科学研究表明：孩子的逆反期通常分为三个阶段：2~3岁的宝宝逆反期，6~8岁儿童逆反期，14~16岁青春逆反期。逆反期的孩子通常会有这样的一些典型的表现：破坏性强，喜欢摔东西、拆玩具、乱写乱画、撕书，或故意把玩具丢得满地都是；坚持要某一件东西，即便是外表相同的也不要；坚持要穿某件衣服某双鞋，即便不符合季节；想要做的事情坚决要做到，否则就大哭大闹；在公共场合坐地要赖、打人；父母要求的事情偏偏不做，越是禁止做的事情越要做；不理睬父母，宁愿自己玩，也不和父母一起玩；故意破坏之前定好的规矩；层出不穷地提出新的要求；和父母讲条件，要达到要求才肯做事；和别的小朋友玩耍时，争抢同一件玩具；不愿意和别人分享玩具，不过又喜欢抢别人玩具，严重时还打人。

　　孩子产生自我意识后，必然会对"我"的能力产生好奇。所以孩子会通过各种方式探索自己可以做什么，自己会对别人产生什么影响。由于破坏比建设更容易，孩子缺乏能力，所以他们通常是通过破坏行为来判断自己的能力，而不是通过建设性行为。同时，由于孩子语言能力尚不发达，还不懂得通过语言来社交，所以这一时期的孩子在与人交往中会有一定程度的攻击性行为，而且乐于观察他的攻击所带来的效果。

　　同时，孩子在自我意识成长的过程中，必将经过一个矛盾的阶段：一方面，孩子渴望独立，摆脱父母的控制；另一方面，在生活上情感上又对父母有着依赖。这样矛盾的状况会造成孩子比之前更黏父母，担心父母会离开，同时又会不断挑战父母的权威，和父母唱反调。孩子的自我尚未真正建立，在独立和依赖之前来回游离。在孩子未来的成长过程中，这一现象还会不断重复，孩子未来究竟可不可以实现真正的独立，父母的态度是关键。

小贴士

1. 耐心对待孩子的负面情绪

孩子情绪激动时，父母千万不要和孩子讲道理，当孩子大哭时，父母可以抱着孩子或者到安静的地方，静静地听孩子哭一会儿，让孩子平静；帮助孩子搞清楚为什么哭，是哪一种情绪，伤心还是愤怒；对孩子表示同情和理解，等孩子情绪平静了，提出新的办法转移注意力。

2. 父母平时要多注意观察

孩子和父母在一起的时间长，和父母最为亲近，要想了解孩子的需求，父母只有平时多注意观察，多学习孩子教育的知识，多和孩子交流。父母要充分理解孩子要自己尝试、独立表现的要求，尽可能多创造一些条件，让孩子的要求得到适当的或充分的满足。

3. 以巧妙方法进行引导

叛逆期的孩子问题较多，父母应按照不同的情况采用不同的方法巧妙引导。比如，父母让孩子吃饭，孩子偏不吃。父母可以采用激将法，要求孩子不吃饭，孩子反而拼命要求吃饭。不让孩子关灯，孩子反而要求关灯。不过父母在使用这个方法时语气尽可能真实平静，按照孩子情绪适当调整。

再如，孩子到处扔东西吸引父母注意力，这时父母要假装没看见，继续和家人聊天。孩子看见没引起自己想要的效果，自然会停止这样的行为。

4. 不能迁就原则问题

叛逆期的孩子一方面不断挑战规则，另一方面又不断追求规则。假如规则混乱，孩子缺少安全感。父母在制定规则时要讲科学，规则一旦制定，就必须遵守。不制订超过孩子能力的规则，比如要求孩子上课不走神等。尊重孩子的需求，有时孩子只是要求自主行动，比如要自己穿衣服，自己吃饭，不应当因为大人怕麻烦而禁止孩子做。

儿童性意识的萌动

心理学家认为，性教育绝不是可有可无的，它的影响将伴随着孩子的一生，就好像弗洛伊德所说，你今天的状况和幼年有关。父母应该意识到儿童性教育的重要性，必须摒弃过去谈"性"色变的态度了，必须改排斥为循循善诱，即便尴尬，也不容回避这个严肃的问题。

孩子从三四岁到上小学的这段时间，求知欲特别强，对身边的什么事情都想打破砂锅问到底。现在电视上大多有拥抱、接吻和床上戏的镜头，对于好问的孩子而言，可能会提出许多让父母难以回答的问题，诸如"孩子是从哪里来的""避孕套是做什么的"等。

北京的一所大学对四个年级的学生进行了一次随机抽样调查，结果显示，从影视作品、互联网、书报、杂志上获取性知识的孩子占81%，而从父母那里获取的只占0.3%，少得实在可怜，约30%的母亲在女儿来月经之前没有告诉孩子月经是怎么回事和如何处理。很多父母没有性教育的经验，甚至自己就是性知识的"文盲"，当孩子问及性知识方面的问题时，扭扭捏捏，总是说些模棱两可、似是而非的话，即便有性知识的家长，也不敢和孩子开展关于性知识的对话。

刘妈妈抱着儿子到朋友家里玩，儿子撒尿时，朋友急忙从床底下拿出了女儿小琳的小塑料便盆，接着淘气包的"小鸡"描绘出细细的弧线。一会儿，小琳搂着妈妈的脖子，咬着耳朵悄悄地问："小弟弟有'小鸡'，我怎么没有？"朋友吃了一惊，然后微微地会心一笑，说："小琳，因为你是女孩呀！""妈妈，女孩为什么没有'小鸡'呢？"小琳接着问，妈妈脸上似有愠色，说："因为男孩和女孩不一样啊！"小琳没有得到确切的回答，睁着两只水汪汪的眼睛，幼稚的脸蛋上写满了期盼，问："男孩和女孩为什么不一样？"妈妈有些生气地说："你哪来这么多为什么啊！"

中国父母在对孩子的性教育上有几个明显的误区：许多父母由于自己在成长过程中没有接受过性教育，因此他们按照自己的成长经验，认为孩子不需要性教育；父母对性的问题持回避以及排斥态度，他们担心说多了会诱导孩子，说少了又怕说不清楚；认为性教育是青春期教育，现在还为时过早；有的父母平时穿衣服不太注意，经常在家里穿着暴露，结果孩子耳濡目染，没有性别意识。

小贴士

对于孩子的性教育，必须重视以下三个阶段：

1. 幼儿期——适度引导

幼儿期指的是3~6岁的孩子，实际上性教育最早从2岁开始。在这一阶段，孩子喜欢玩一些"性游戏"，比如接吻、结婚、生孩子、抚摸生殖器官。假如父母看到这样的情况，不要觉得紧张，孩子玩这些游戏只是在模仿生活中看到的事情而已，也不要粗暴地打断他们。假如孩子发现抚摸别的部位，父母都不会在意，唯独抚摸这个部位，父母态度马上紧张起来，孩子就会故意、经常抚摸那个部位，以引起父母的注意。

这时父母可以想办法分散孩子的注意力，比如玩捉迷藏游戏，而不是故意去打断他们。对能听懂话的孩子，可以告诉他们身体的某些部位是不能让别人看或触摸的，比如胸部、生殖器官，同时也不能看或触摸别人的这些部位。父母要有耐心地向孩子灌输自我保护的观念，嘱咐孩子假如有人触摸了这些部位一定要告诉爸爸妈妈。

假如是3岁以上的孩子，可以跟父母分床睡。年龄再大些，假如条件允许的话，尽可能分房睡，以免父母过性生活时对孩子造成负面影响。即便不能分居，也应该挂个帘子。

2. 儿童期

6~9岁的孩子正处于性欲的潜伏期，容易受外界的影响，接触到一些有关性的不正确的信息，这时他们需要父母的帮助了解性别角色。父母最佳的教育方式就是当电视里刚好出现亲热镜头时，对孩子借机进行性教育。这时父母要势必成为孩子成长过程中最佳的性教育指导者，一旦孩子对性有了疑问的时候，孩子第一个想到的就是请教父母，而不是问其他人。

这一阶段父母要改变传统思想，认真解答孩子提出的关于性的问题，赢得孩子的信任。一旦发现孩子接触黄色视频时，不要辱骂孩子，而是引导孩子阅读正确的性教育读物。

3. 青春期

在孩子青春期，尽管学校会开一些专门的课程，不过父母并不能对孩子的性教育就此停歇，反而需要更加放在心上，协助孩子度过青春期。女孩的青春期大约在10岁左右开始，男孩大约在12岁左右。通常父母会对女孩子比较注意，而容易忽视对男孩的关注，主要是因为女孩子有青春期来临的明显标志，比如月经来潮，而男孩子就不会那么明显了。不过男孩子也会出现遗精、变声、长喉结等。父母需要注意的是，青春期男孩子会开始有自慰的现象。

这一阶段，父母可以引导孩子通过别的方式，比如运动来释放能量，减少自慰的次数，不要给青春期孩子穿太紧的衣服，比如牛仔裤，建议穿宽松的裤子。父母可以多给孩子拥抱、拍肩膀等动作，给孩子一些亲密的触碰，有助于减轻孩子因青春期身心变化而带来的焦虑。

孩子渴望成长的自由

心理学家认为，处于逆反期的孩子做什么事情都以目标导向为基础，他们个性独立，不喜欢向人寻求帮助。这样的孩子需要的是较为自由的空间，假如父母总习惯性地对他们加以限制，打击他们脆弱的自尊心，那就会让他们积极主动的天性受到伤害。

小川这个孩子有点叛逆、多变，一会儿温顺如羊，一会儿暴躁如虎。有一次我带着妈妈去旅游景点，由于到得比较早，当时景点的大门紧闭，周围没有一个人，再加上北方的天气，秋天早晚已经很凉了。面对紧闭的大门，顶着瑟瑟的秋风，小川对妈妈说："妈妈，公园的门不高，这里又没人管，我们不要在这里傻等了，爬进去吧！"妈妈在想，孩子怎么能这样呢？

后来妈妈带着好奇心，上网检索了相关文章，才发现原来小川正处于逆反成长期。这样的孩子外倾性比较明显，情绪兴奋性高，抑制能力差，反应速度快，精力旺盛，不过不稳重，喜欢挑衅，脾气暴躁。面对这样的孩子，该怎么办呢？

心理学家指出，逆反期孩子比较有主见，性格直爽，不拘小节，自我控制能力比较强，且有较强的支配力，不希望受他人的支配。他们最大的特点就是性格急躁，遇到事情容易做匆忙的决定。他们好像总是安静不下来，总是坐不住，有时还会做出种种夸张的举动。

小贴士

1. 提醒而不是批评

由于孩子精力比较充沛，积极热情，喜欢说话，同时他们喜欢惹是生非，因此父母对这样的孩子就是提醒他们遵守纪律，学会控制自己的行为。即便想要对他们进行批评时，也需要注意自己的口气和语言，不要大声训斥，更不能激怒他们。假如父母由于孩子写作业字迹潦草，就大声对他训斥，有可能孩子不会好好写作业，甚至会将作业本撕了，或是干脆不写作业了。

2. 学会理解孩子

孩子需要爱，父母需要学会理解孩子。不过，在面对逆反期孩子时，许多父母却容易失去耐心。实际上，这时父母是没有给孩子足够的爱，不管孩子属于哪种类型的气质，都需要被爱。假如对孩子的教育离开了这个爱的前提，那根本达不到教育的效果。

3. 引导孩子磨炼耐心

孩子自制力和感情平衡能力都比较差，父母需要引导孩子磨炼他的耐心，用行为削弱其气质弱点。父母可以告诉孩子：当你做决定之前，可以咨询父母是对是错。当孩子没办法面对一些事情时，父母可以告诉孩子冷静的方法：深呼吸、放松。这样可以让孩子安静下来，从而达到培养耐性的目的。

4. 父母要学会控制自己的情绪

父母不要强迫孩子去改变，任何孩子都不应该因为父母的喜好而改变自己，这样的教育对孩子成长是极为不利的。假如孩子感觉到了强迫，他们会反抗。同时父母要控制好自己的情绪，不要向孩子的暴躁脾气屈服。当然，对孩子也不要语出讽刺，诸如此类的方式只会导致相反的效果。

5. 保持安静和谐的家庭氛围

父母对待孩子的态度要平静，不过也要严格，和孩子说话要平和、冷静，切忌高声叫喊，帮助孩子克服不安静和急躁的特点。平时可以让孩子做一些安静的游戏，比如画画、下棋等，培养孩子的耐性和理性思维。假如孩子提出不合理的要求和愿望，父母可以进行"延迟满足"，培养孩子的耐心和自控力。

6. 退一步思考

父母在面对胆汁质孩子发脾气时，不是马上处理，而是需要退一步去思考，孩子为什么要这样去做？孩子怎么会有这样的情绪？父母可以把这件事放到第二天去处理，同时引导孩子回忆自己做错事情的过程，这时不要用责备的语气，可以客观地询问孩子当时发生了什么事情，这样利于帮助孩子跳出那种强烈情绪，理智地看待自己做错的事情。

7. 给孩子讲道理，而不是摆架子

逆反期孩子很容易发脾气，不过他们很讲道理。父母在孩子因为冲动犯错时，不要对孩子动不动就发火，在事情发生之后可以用平静的语速和声调与孩子讲道理。父母这样做，孩子比较容易听话，那教育的成效也是比较大的。

8. 培养孩子的注意力

通常而言，逆反期孩子的情绪比较亢奋，很容易分心。在平时生活中，父母不要打扰正在专心致志的孩子；父母若是发现孩子的兴趣，那需要从兴趣上培养孩子的注意力，延长孩子的注意力时间；可以选择一个事物凝视，随着视野变小，孩子的意识和精神也就慢慢集中起来，心里也会慢慢地平静。

孩子进入逆反期，情绪也会处于逆反状态。逆反期的孩子经常对父母有所不满，因为伴随成长而来的自我要求，总是和父母的规定发生冲突。这时父母必须尽全力克服这种过渡期困难，让孩子顺利地成熟长大。

胆小怕事，看见什么都恐惧

心理学家认为，现在有许多孩子都很怕黑，因为黑暗联想到鬼而感到害怕，这种纯粹的害怕"鬼"的孩子，他们生活实际上并不会受到严重干扰。若表现为不正常的、极度的惧怕，而且严重影响正常生活，这些带有疾病性质的惧怕可以诊断为"黑暗恐惧症"。

心理专家认为，幼儿期是培养孩子独立性的关键时期。这时需要父母给孩子准备一个独立的房间，起初可以在孩子睡前陪伴孩子，告诉孩子自己会在他身边陪着，用手抚摸给予安慰，等孩子睡着之后，父母可以离开。

等到第二天孩子醒来，父母可以表扬孩子："一个人乖乖睡着了，宝贝真棒！"以此强化孩子独立的能力与意识，孩子在自己独立的房间睡觉，需要独立面对黑暗，在这个过程中孩子要学会自己处理恐惧等负面情绪，同时意味着孩子开始独立了。假如父母为了让孩子不害怕，总是无微不至地关怀，那孩子就容易陷入"黑暗恐惧症"。

张女士很是苦恼，因为8岁的女儿月月在日记本上写了这样一句话："每到晚上，我就开始害怕，卧室的灯熄了，爸妈都已经睡了，只有我一个人怎么也睡不着，我只能躲在被窝里，不敢把头伸出来。"

女儿月月正在读小学二年级，她很怕黑，从很小的时候就开始了，有时她甚至会要求跟爸妈同住一个房间。而且总是开着灯睡觉，偶尔关灯是爸妈看着她睡了才关上的。张女士觉得女儿胆子太小了，有意识地会锻炼她，比如规定她上床之后关灯睡觉。然而，这对月月而言却是一件极其恐怖的事情，她告诉妈妈自己会感觉到身边有些可怕的东西存在着，比如鬼怪之类的。几乎每天晚上她都是从噩梦中睡醒，哭着找妈妈。对此，张女士非常担忧，不知道该怎么办。

患有恐惧症的孩子大多数比较胆小、独立性较差。根据张女士反映，月月在班上几乎没有什么朋友，独来独往，适应新环境的能力很差，这与父母的教育方法是相关联的。处于婴幼儿时期的孩子大部分会在黑暗中苦恼，让他们恐惧的不是黑暗本身，而是在黑暗中看不到自己亲近的人，视觉上的分离感引发了孩子的不安全感体验，这实际上是一种对父母的依恋情结。

对此，心理专家建议：父母要意识到过度保护孩子，只会让孩子越来越胆小。因为父母的保护就是告诉孩子，一个人睡觉确实比较危险。恐惧症惧怕的事物本身是比较普通的，在一般人看来是不需要害怕的事物，不过因为父母无意识地提醒孩子避免这一情况的出现，结果反而强化了孩子焦虑、恐惧的情绪。

小贴士

1. 及时询问孩子产生恐惧感的缘由

孩子一旦产生恐惧感，父母要考虑这是否与他的年龄相称。在平时生活中父母要随时关心孩子思想感情的变化，以及恐惧持续的时间。孩子在恐惧时是否什么事情都不想做，不肯一个人去睡觉，不愿意去上学，甚至不敢离开父母。父母需要弄清楚，然后及时处理。

2. 勿对孩子说"胆小鬼"

孩子从三岁开始对黑暗产生恐惧，假如这时父母骂孩子是胆小鬼，吓唬孩子不准哭，这将大大地误导孩子的情绪。父母应该向孩子说明事情的真相，在孩子看来令人恐惧的事物被父母一语点破，他自然会相信自己是安全的，内心的恐惧感也会随之消失。

3. 避免诱使孩子将恐惧感隐藏在心里

不管孩子担心什么、害怕什么，父母应当告诉他们害怕是正常的心理现象。平时父母多和孩子交谈，给孩子讲一些常识，这是帮助孩子克服恐惧感的最佳方法。等到孩子明白道理，心境平和了，父母可以帮助孩子对可能发生的事情做好心理上的准备。

4. 鼓励孩子多接触黑暗的环境

对于患有黑暗恐惧症的孩子而言，父母鼓励他们多接触黑暗的环境。刚开始父母可以与孩子一起尝试，直到孩子适应为止。在这个过程中，孩子如果感到害怕，父母可以建议孩子做深呼吸，或者鼓励孩子大声地叫出恐惧的感觉，然后让孩子独立地待在黑暗环境下直到适应。当然，这并非一蹴而就，父母可以按照孩子的情绪状况循序渐进，适时给予孩子鼓励与表扬。

5. 避免让孩子接触鬼怪、恐怖之类的故事和电影

当然，恐惧黑暗与听过鬼怪故事、看过恐怖片有一定的联系。父母需要注意，不要和孩子过多地谈论鬼怪的故事，也尽可能不要让孩子看恐怖片。假如孩子经常会想起鬼怪之类的事情，父母需要尽可能地让孩子在闲暇时间多参与有趣的互动式活动，培养孩子积极向上的兴趣爱好，引导孩子转移注意力。

内心脆弱，敏感多疑

逆反期的孩子有时会内心脆弱，敏感多疑，似乎天生就被一种焦虑和不安全感笼罩着，在幼年时期他们最重视的就是自己的父母，害怕自己受到父母的冷落，得不到父母的支持。所以，孩子敏锐的洞察力是从预测父母的态度开始发展的，且在察言观色的过程中学会了犹豫不决。

这样的孩子在童年时期有一种无助感，总感觉自己是被孤

立的孩子，随时充满了焦虑，慢慢长大后，又从焦虑情绪中发展出怀疑的特质。所以，孩子对父母的感情是充满矛盾的，一方面获得肯定想要服从，另一方面又因为未能获得信任而开始蓄意反抗。

到了两三岁，由于爸妈很忙，小艾就跟爷爷奶奶生活在一起，也更加敏感多疑。有时，她会呆呆地问妈妈："妈妈，你爱我吗？"妈妈这时总把小艾搂在怀里，安慰说："你是妈妈的小棉袄，妈妈怎么会不爱你呢？"

上学之后，爸爸妈妈更忙了。小艾性格越来越内向，她经常看到同学几个凑在一起说笑，不时看看自己，她就怀疑：他们是在说我吗？大家都不喜欢我吗？而小艾回到家之后，总是爷爷奶奶在家，她害怕，甚至开始怀疑自己是不是爸妈亲生的孩子。否则，爸妈怎么会不爱自己呢？

小艾是典型的怀疑型孩子，几乎从她出生开始，就会下意识地寻求家中保护者的认同，获得安全感。这个保护者可能是父亲，也可能是母亲，也可能是其他人。他们会强有力地内化自己与这个保护者的关系，而且在整个成长的过程中维持和这个人的关系。

假如孩子认为这个人是慈爱的，可以为自己提供勇气，那孩子在长大后也会从其他人那里寻找相似的指导和支持。他们会尽自己的最大努力来取悦这些人或是群体，尽职尽责地按照既定的原则和指导方针办事。

假如在孩子看来这个保护者是暴力的、不公正的，那孩子将认为自己总是无法与他们认为强于自己的那些人相处，所以对生活充满恐惧，担心自己会受到不公正的处罚，这时他们就会采取防御措施，对保护者采取极端的态度。

🔷 小贴士

1.鼓励孩子，增强自信心

孩子对这个世界的一切怀疑源于内心的不自信，内心自卑导致了其敏感多疑的性格。在生活中，父母要尽可能鼓励孩子，当孩子完成一件事情之后，称赞孩子"宝贝，你真棒""宝贝，这件事你做得很对""宝贝，妈妈很爱你"。父母的鼓励可以令孩子开心，从而增强自信心。

2.尽量避免责备孩子

怀疑型的孩子是极其敏感的，他们总会怀疑一切不存在的问题。当然，这并不意味着孩子的父母对孩子漠不关心。即便父母很关爱怀疑型的孩子，也可能令孩子在某一瞬间产生得不到信任和支持的失落感和恐惧感，其根源是不容易察觉的，可能只是不经意间的一次责备、一次敷衍，就可能导致孩子胡乱猜疑。毕竟孩子气质的一部分是天生的，他们那敏锐的感觉是父母不容易捕捉到的。

3.引导孩子说出心里话

有时候孩子只是一个人胡思乱想，四处猜疑，他们就好像活在自己的世界里，关闭了心灵沟通的大门。如果父母不想办法与孩子进行心灵上的沟通，无法了解到孩子心中所想，那即便给予孩子再多的爱，孩子也是不快乐的。

4.尽量多抽时间陪陪孩子

孩子的内心已经十分敏感，父母稍微有一点点疏忽，都会让孩子觉得父母可能不爱自己了，他们总会幻想出一些没人爱自己的孤独画面，这样会更加重他们的怀疑病。所以，不管父母有多忙，要尽量多抽出时间陪伴孩子，让孩子确实感觉到父母是爱自己的。

自言自语，多愁善感

逆反期的孩子喜欢自言自语，偶尔还喜欢流眼泪，甚至在很多时候就不当着父母的面，他们好像总是心事重重。在平时生活中，这样的孩子往往感情细腻、复杂，经常想得很多，顾虑也很多。由于孩子都是家里的宝贝，父母或多或少对孩子都有迁就，特别是老人，为孩子包办得过多，所以造就了孩子强烈依赖思想，似乎受不了一点委屈，凡事总为自己考虑，稍微有一点不如意就开始哭，开始耍脾气。

当然，孩子的性格和家庭的教育环境也有很大的关系，假如父母多愁善感，孩子肯定一样；假如父母开朗大方，孩子也会很阳光，所以父母尽可能不要在孩子面前吵架，为孩子营造一个良好的家庭环境。

此外，父母遇到事情需要往好的方面想，乐观一点，否则孩子也会耳濡目染，最后建议父亲多陪孩子。毕竟，和父亲在一起，孩子会更加坚强勇敢，尽管母亲也会影响孩子，不过不如父亲的榜样作用，所以父亲多陪陪孩子吧。

小贴士

1.转移注意力

对于家中发生的一些事情，比如小鸡死了、养的花枯萎了、养的小松鼠跑了等，很有可能父母在孩子面前表示出惋惜、难过，孩子也会受到影响。孩子有了这种情绪时，仅仅凭语言解释和安慰是不够，比较好的办法就是转移注意力，比如带孩子去逛逛超市，买点零食回家吃；到书店逛逛，买几本书回家看看；到玩具店买几样玩的东西回家玩玩，缓解痛苦的情绪。这样，孩子的情绪就会好转了。

2.营造轻松、欢乐的家庭氛围

平时，父母要注意营造轻松、欢乐的家庭环境和氛围，孩子从小就要有一个良好的生活环境。比如父母经常说说笑话，说些有趣的事情，对于一些悲伤的事情，父母最好不要在多愁善感的孩子面前表现得过于惋惜、难过，避免孩子受到影响。当孩子表现出多愁善感时，父母最好的方法是转移其注意力，缓解孩子的痛苦情绪。

3. 多看到孩子的优点

通常那些多愁善感的孩子担心被别人否定，因此，父母要多关心孩子的优点，并常常以欣赏的语气鼓励他，孩子得到了肯定，就会增强自信心，其性格也会开朗起来。在平时生活中，父母需要细心观察孩子的喜好，努力挖掘孩子的潜能，然后创造条件让孩子有展示、表现自己的机会，一旦孩子获得了成功的体验，就会自信起来。

4. 让孩子明白哭是没用的

当孩子由于多愁善感而掉眼泪时，父母要让孩子知道哭是没有用的，解决不了任何问题，即便哭得昏天黑地也不能改变事情的最后结果。告诉孩子，正确的做法就是把眼泪擦掉，勇敢面对，坚强地迎接新的生活。

5. 尽可能与孩子多商量

如果希望多愁善感的孩子变得坚强，父母不要总按照自己的意愿来塑造孩子，让孩子言听计从。有任何事情都要尽可能与孩子商量，特别是孩子自己的事情，父母一定要尊重他的想法，多听取孩子的建议。

6. 不要总是指责孩子

多愁善感的孩子大多数缺乏自信心，父母不要总是指责孩子，这样的教育方式是不妥当的。因此，当孩子不会做某件事时，父母要向孩子解释和示范如何做才是正确的，孩子会做了，父母就会少一份担心，多一份乐观，而孩子也敢于积极地去做。

7. 语气平和地安慰孩子

多愁善感的孩子往往感情细腻、复杂，经常想得太多，而且顾虑太多。当孩子多愁善感时，父母首先要语气平和地安慰孩子，向孩子表示自己的感受和他是一致的，与孩子产生感情上的共鸣，让孩子意识到父母是与自己一起分担忧伤。当然，父母要善于利用时机，以孩子伤感的事物做媒介，理智、科学地对他进行教育，这样有利于孩子学会较为冷静、恰当地面对人生的挫折和不幸。

容易忧虑，常陷入消极情绪

与成年人一样，孩子的情绪也有消极和积极之分。在孩子大约1岁左右，他们的情绪就开始分化，2岁时出现各种基本情绪，也就是生气、恐惧、焦虑、悲伤等消极情绪和愉快、高兴、快乐等积极情绪。积极的情绪对孩子的身心发展可以起到促进作用，助于发挥孩子内在的潜力；消极的情绪则可能让孩子心理失衡。

杨先生的儿子杨洋今年10岁，他个性比较敏感，性格说不上是外向型还是内向型，比较恋旧，跟以前的老同学、好朋友分别时总会舍不得。三年级转学之后，杨洋总是想念过去的老同学，不喜欢与新同学交往，直到一年之后才渐渐融入新的班级。即便到了新班级之后，也总是念叨以前的同学，认为以前的同学比现在的同学好，似乎又要很长时间才适应新环境。

最近杨先生发现儿子十分消极，很悲观，学习很懒散，对人生没有一种正确的积极态度，经常流露出人总归是要死的，努力没有用，不管自己现在怎么样，最后都是一样的结局。杨先生经常听到儿子说："爸爸，我不想你们死，不想爷爷奶奶他们死，人如果永远不死就好了。"最近这样的情绪更是经常反复，就在昨晚跟儿子聊天中，儿子还说到人最终还是逃不过死亡，所以自己做什么都是无用的，什么金钱、名誉都是一场空，甚至说自己好像看到自己死了的时候的情景。杨洋在说到这些的时候，情绪十分低落，甚至掉泪了，说自己不想死。

小孩子动不动就喜欢说"不"，而且经常是你说什么他都会说"不"。心理学研究表明，这是孩子独特的表示自立的正常方式。当孩子开始说"不"，是他形成自我认识的开端。而当生活里的某些事情或某些要求与其个体的兴趣、需要和愿望等不一致的时候，孩子就会产生消极情绪，诸如抵触、对抗等。

对孩子而言，产生情绪是一件很正常的事情。当一个成年人发脾气的时候，旁边的人会安慰，或者会知趣地离开。但是，当一个孩子发脾气的时候，他受到的却是父母的斥责，甚至是挨打，这其实是极不公平的。所以，一旦孩子有了消极情绪，父母应是理解、帮助，而非责备、训斥。

小贴士

1. 创造和谐的家庭氛围

父母要善于创造和谐融洽、畅所欲言的家庭氛围，当孩子表达出自己的心理之后，父母要以探讨的形式来转变和提高孩子的认知，随时关注指导孩子以积极的心态来自我排除心理障碍。在平时的生活中，父母在为人处世上保持乐观的态度，因为榜样往往是孩子乐观性格形成的重要因素。

2. 孩子生气时注意及时开导

在孩子生气的时候，父母可以用温和的语气开导孩子，让孩子知道父母了解他的感受。父母可以告诉孩子，生气时可以干什么，不能做什么，允许孩子以合适的方法宣泄情绪。在适当的时候，多给孩子讲一讲自己是如何面对困难和挫折的，又是如何战胜困难、超越挫折的。毕竟孩子年龄比较小，很少经历创伤和挫折。若父母给孩子多聊这些话题，势必会对孩子产生积极的影响。

3. 引导孩子转移注意力

转移注意力，是合理宣泄情绪的最佳途径。父母要让孩子学习在遇到冲突和挫折时，不要将注意力集中在引发冲突或挫折的情境之中，而应尽可能地摆脱这种情境，投入到自己感兴趣的活动中去。比如孩子在玩游戏中与其他孩子发生冲突，那可以让孩子到室外去踢一会儿足球，在剧烈运动中将积累的情绪能量发泄到其他地方。

4. 引导孩子倾诉心事

倾诉是一种合理的方式，父母可以引导孩子把自己在学习遇到冲突或挫折时的感受告诉自己，同时给予同情、理解、安慰和支持。孩子对父母有很大的依赖性，父母对孩子表现出的同情或宽慰会缓解甚至清除孩子的心理紧张和情绪不安。即便在孩子倾诉的内容不合理的情况下，父母也要耐心地听下去，至少保持沉默，等孩子倾诉完毕之后，再与孩子讲道理。

5. 帮助孩子提高抗挫折能力

父母可以告诉孩子，生活中并不是每件事都会让自己满意，一个人总是会遇到这样或那样的挫折，生气和难过都是没有用的，而是需要有意识地控制自己的情绪，保持冷静。同时父母可以通过带孩子旅游、登山，丰富孩子的精神世界，锻炼孩子的毅力，尽可能帮助孩子形成坚毅、开朗的性格。

6. 引导孩子宣泄消极情绪

心理学家认为，孩子在生活中产生的消极情绪，应以合适的渠道发泄出去。情绪一旦产生，宜疏导而非堵塞。当孩子遭遇难过的事情，宣泄出来，可以减轻精神上的压力。所以，在现实生活中，当孩子遇到挫折或受到不愉快的时候，父母可以让孩子不受压抑地通过言语或非语言的方式表达自己的情绪，这样可以减轻孩子心理上的压力。

7.善于发现孩子的优点

父母要善于发现孩子的优点，同时将这些优点与孩子熟悉或崇拜的先进人物、英雄人物的优点比拟，让孩子在内心认定自己与他们的性格一样，从而激发孩子在思想和行为上向他们学习。当孩子不断突出自己的优点，同时自我认可和肯定慢慢养成习惯之后，其消极的情况就会得到改观。

独来独往，有孤僻倾向

逆反期的孩子喜欢独来独往，时常会有孤僻倾向。假如自己的孩子不幸遭遇孤独症，父母应该怎么办呢？是选择放弃、逃避、默默承受，还是理智、平和、坦然接受这一切呢？面对孤独症的孩子，父母没有理由强求什么，唯一能做的就是调整自身，按照孩子的发育状况，用耐心帮助他们，协助他们最大限度地改善现状。

儿童孤独症又称儿童自闭症，与儿童感知、语言和思维、情感、动作以及社交等多个领域的心理活动有关，属于发育障碍。尽管不同的孤独儿童会有不同的症状，不过主要表现为：说话较晚、反应迟钝、不合群、不懂得如何与人交往和沟通；有的孩子智力发育低，存在认知感知缺陷；有怪癖、兴趣范围狭窄、行为方式刻板僵硬；注意力涣散。有的孤独症孩子智力发展不平衡，他们对某一方面很敏感，比如音乐、绘画等，而在其他方面则较差。不过，越是这样的孩子，越容易被父母忽略。

李妈妈很烦恼，因为孩子豆豆患了孤独症。平时在家里，豆豆总是饶有兴趣地摆弄着手里的糖纸，对周围好像没有察觉，甚至连面前的水果和零食也不会令他心动。若是有阿姨问："宝贝，你几岁了？"问三遍豆豆几乎都没有什么反应，这时李妈妈则对豆豆说："告诉阿姨你几岁了？"但豆豆的目光依然停留在那张糖纸上，他重复一遍妈妈的话："告诉阿姨你几岁了？"这时李妈妈说："对阿姨说我六岁半了。"豆豆也只是鹦鹉学舌地说了一句："对阿姨说我六岁半了。"

李妈妈介绍，豆豆只能说极少量的词和短语，几乎说不出一个完整的句子，经常重复别人的话。若是遇到有人跟他打招呼，多半没有回应；提醒他做什么，就好像没听见似的；经常会自言自语，说着一些不着边际的话语。他平时不喜欢和小朋友玩，即便给他找来几个同龄小朋友，他也会躲开小朋友，独自一个人在旁边发呆。任何新奇的玩具都难以引起他的注意，他只是把那些废弃的包装盒、纸、勺、碗等东西重复玩耍，动作刻板，平时容易烦躁，脾气大，睡眠也很少。

教育专家表示，对孤独症孩子的治疗和早期干预，离不开制订个性化训练计划。由于孩子的病态、程度不一样，需要的治疗方案也应有针对性，而父母需要承担教师的角色，通过"因材施教"和"家庭康复"帮助孩子战胜孤独症。

小贴士

1. 对孩子进行感官和信息刺激训练

孤独症孩子对身边的信息通常是视而不见、听而不闻，这源于他们大脑发育的偏差。父母可以适当地对孩子做一些感觉统合训练，诸如荡秋千、跳绳，这些简单的活动可以在家中进行，这对改善孩子反应迟钝和动作不协调有一定的好处。大多数孤独症的孩子自我封闭，拒绝接触新事物，缺乏主动性，不过他们对自己感兴趣的事情却比较执着。父母应善于捕捉到孩子的兴奋点，对孩子感兴趣的事物给予多方面的信息刺激。假如孩子喜欢玩水，那父母可以为其准备热水、冷水、温水等。父母可以为孩子创造一个氛围，把与之相关的信息搜集起来，讲给孩子听、和孩子一起动手做。

2. 引导孩子与人交往

父母可以引导孩子有意识地与人交往，让他们对交流感兴趣。比较好的方式就是长时间和亲近的人在一起，亲密接触亲人的手势、动作、语言、表情和回应的方式。耐心地给孩子反复示范，一次次地引领孩子模仿。在这个漫长的过程中，父母最好将日常生活的内容与训练结合起来，变枯燥的训练为有趣的游戏，慢慢让孩子感觉到这是个好玩的游戏。

3. 把他当作正常孩子

父母不妨把他们看成是正常的孩子，营造一个让他们学着自己照顾自己的氛围，比如自己穿衣服穿鞋、自己吃饭、自己洗手洗脸，学习适应环境与人配合。将自己设定的目标贴近孩子，将这个将要达成的目标分解成一个细小的目标，一点点地、分步骤地去实现。不过，欲速则不达，对一般孩子而言很容易学会的生活技能或短时间内可以养成的良好习惯，孤独症孩子却要学习半年或更长的时间。因此，父母在心里给孩子定的标准一定要比同龄的正常孩子低很多，急躁情绪和攀比心理是不能有的。

4. 父母的态度很重要

父母的态度异常关键，孩子和亲友的情绪都会随着父母的态度而改变。父母需要正确地对待孩子，为其制定合理的努力目标，重点培训孩子的独立能力。愉快地接受现实，与孩子愉快相处，努力教会孩子适应家庭生活。同时，父母细心观察，到底孩子身上有哪些特性，容忍孩子重复说一句话，不要当着别人对孩子表示厌烦。总之，一旦发现孩子患有孤独症之后，需要考虑怎么样给孩子进行良好的教育，让这些孩子长大成为自食其力的人，而不是家庭和社会的负担，有勇气来接受教育孩子的工作，用积极的态度对待孩子。

5. 经常与孩子聊天

孤独症孩子大部分语言发育迟缓，有的甚至丧失语言能力。他们面临的共同难题就是学会说话，利用孩子吃饭睡觉以外的所有时间教他说话，这是父母不能回避的现实。语言训练可以分阶段进行，比如前期准备阶段教孩子模仿父母的口部动作，像张大口、闭嘴等，让孩子知道听指令做事，理解某些动作的意义——拍手表示高兴、摆手表示再见、拉手表示友好。然后可以进行发单音的训练，等孩子的单音字说得比较好了，就可以着手教他学双音节词语了。最后对孩子做简单的问答训练，目的就是让孩子学会表达自己的需求，学习沟通。

第 3 章

逆反个性，独立的煎熬

　　意大利著名儿童教育家蒙台梭利说："教育首先要引导儿童沿着独立的道路前进。"当孩子慢慢长大，他就会希望像大人那样承担一定的义务，像大人那样拥有自己的空间。作为父母，不要压抑孩子逆反个性，适当放手，让孩子顺利度过独立自主的煎熬期。

孩子非常调皮任性

在生活中，我们经常看到一些孩子，为了达到某种目的特别任性，有时甚至会哭闹不止，把父母搞得精疲力尽而不罢休。面对这样的情况，有的父母选择退让，或者听之任之；有的父母则把这种任性完全归咎于独生子女带得太娇惯。

据美国儿童心理学家威廉·科克的研究表明，孩子任性是一种心理需求的表现。孩子随着生理发育，开始慢慢接触更多的事物。他们对这些事物的态度正确与否，不可能像父母那样可以瞻前顾后地分析，甚至做出判断。

孩子只是凭着自己的情绪和兴趣来参与，虽然这些事物往往是对他不利的，或者是有害的。这时父母会以成年人的思维去考虑他参与的结果，完全忽略了孩子参与的情绪和兴趣。

处于独立性萌芽期的孩子，一切事情都想亲力亲为，都想弄个透彻，这本来是一件好事。不过，这种"亲力亲为"的心理，往往会在不合实情中表现出来。父母对于这样的情况，不可全权包办代替，也不要断然拒绝。否则，孩子的任性心理将会更加严重。孩子的任性，其实是一种与父母对抗的逆反心理，其根源又在于父母没有重视他们的心理需求。

⬡ 小贴士

1. 鼓励孩子多与小伙伴玩

群体生活的一个重要原则就是少数服从多数，假如个人的意愿与多数人不一致，那就会被否定。父母可以多让孩子与同伴玩耍，因为在同龄人中间，假如孩子总是任性，他就会被群体孤立。即便是在家中，比较任性的孩子处于群体之中时，他也不会随便把自己的小性子表现出来，他们觉得自己任性只会遭人讨厌。这样时间长了，孩子身上任性的毛病就会慢慢淡化了。

2. 转移孩子注意力

当孩子任性的时候，父母可以利用孩子容易被其他新鲜事物所吸引的心理特点，把孩子的注意力从他坚持要做的事情上转移开，从而改变孩子的任性行为。假如孩子在一个地方玩得很上瘾，不管父母怎么说他都不愿意离开。这时父母不妨说："走，我带你去坐汽车。"孩子就会愉快地答应下来。

3. 培养孩子良好的行为习惯

培养孩子良好的行为习惯，可以从根本上解决孩子的任性。父母可以让孩子从小养成良好的行为习惯，处处按照要求做，孩子就会自觉地和父母保持一致了。一旦孩子养成了良好的生活习惯，做什么都有规矩，那就不会随便提出一些特殊要求。

4.情感上理解，行为上约束

父母要在情绪上表示理解，但在行为上要坚持对孩子的约束。比如在吃饭的时候，孩子忽然想起桌上没有自己喜欢吃的菜，就生气地拒绝吃饭。即便冰箱里有原材料，父母也不要迁就孩子给他做，应明确表示饭菜已经准备好了，就不应该随便换。假如孩子继续哭闹，就让他饿一顿，等他觉得饥饿时，自然会寻找东西吃。

5.坚持原则

孩子任性往往是因为抓住了父母的弱点，父母越怕孩子哭，孩子就越是哭个没完；父母越怕孩子满地打滚，孩子就偏在地上滚个没完。父母对孩子提出的不合理要求，不论他怎么哭，怎么闹，绝不能有任何迁就的表示，坚持原则，态度坚决，而且势必坚持到底。

6.适时表扬

有的父母想孩子就是这样任性，估计是改不了的。实际上并非如此，孩子毕竟小，只要父母善于诱导，完全可以改变他任性的毛病。父母在诱导时要多利用积极因素，用积极因素克服消极因素。每当孩子任性时，父母就表扬他的优点，孩子听到表扬之后情绪自然就缓过来了。

孩子喜欢撒谎

蒙台梭利认为，孩子说谎的最主要原因是孩子的心理畸变。她通过对孩子生活习性的观察发现，在一个陌生的环境中，孩子不能自由地实现自己原有的发展计划，就有可能导致心理畸变的发生，自然而然，孩子学会了说谎。

孩子喜欢撒谎，这是一种普遍存在的心理现象，甚至有心理学家认为，孩子先天具有欺骗和说谎的能力，任何年龄阶段的人，甚至包括刚刚出生的婴儿，也拥有一些天生的了解别人心理的能力。

既然孩子说谎是心理发展过程中的正常现象，父母就应该因势利导，在不扼杀孩子想象力的前提下，鼓励孩子说实话，这对于孩子心理的发展是非常重要的。而且，并不是所有的谎言都应该批评和反对。

很多时候，孩了的谎言几乎都是善意的，并不会给别人带来伤害，那父母应该做的就是保护孩子的谎言不会伤害自己和他人。

由于一些父母经常以打骂等惩罚手段来对待孩子的错误，这时孩子说谎是父母不让他们说真话。孩子的感情体验不管是积极的、消极的，都应该鼓励他不是按照父母的意愿来说，而应该按照自己的体验去说。

有时候父母所谓的权宜之计往往会成为孩子说谎的样板，比如有人敲门找爸爸，爸爸不愿见，就叫孩子告诉找他的人说："爸爸不在家。"或者，孩子由于判断不准，把心里想的当作事实说出来，说出自己对现实中不存在的东西的一种想象，比如"我爸爸有一把手枪"，这种谎言说出了孩子希望的事实和渴望的场景。

小贴士

1. 减少孩子的心理压力

父母对孩子过高的期望，会给孩子增加压力，从而导致孩子说谎。所以父母对孩子的期望值要合理，不要奢望他们做出超出自身能力的事情。父母要以宽容之心对待孩子，经常与孩子交流，消除孩子的心理障碍，成为孩子的知心朋友。

2. 正确对待孩子的谎言

在面对喜欢幻想的孩子时，父母所扮演的角色是很重要的，父母不应该阻止孩子发挥他的想象力，而要帮助孩子分辨什么是现实、什么是幻想。孩子的想象转化成谎言，有时仅是一步之遥，这就需要父母正确引导。孩子拥有想象力是天性，不过假如父母对孩子的想象力一味地赞许，那就有可能让孩子的想象转化为谎言。假如父母一味地反对孩子的想象力，又会扼杀孩子的智力发育。因此，父母需要调整教育方法，及时循循善诱地纠正孩子的坏习惯。

3. 了解孩子喜欢说谎的动机

假如孩子到了能够分辨是非的年龄依然在说谎，那父母应该找出原因。有的孩子是因为免受处罚而撒谎，他们往往会觉得自己说了真话反而会被惩罚；有的孩子则是出于无奈，在父母的逼迫之下选择撒谎；有的孩子为了讨父母关心，为了不让父母生气，他们最本能的反应就是不承认自己所做过的错事。

4. 树立良好的榜样

对喜欢说谎的孩子，威胁或强迫他承认自己的谎言都不是正确的办法，父母最好可以用一定的时间，冷静、严肃地与孩子谈谈。孩子承认错误之后，父母一定要称赞孩子诚实的表现，要这样说"我虽然不满意你做错了事情，但幸好你说出了真相，我实在很欣赏你的诚实"。父母是孩子的启蒙老师，其言行将影响着孩子的成长。因此，父母不要在孩子面前撒谎，即便是善意的谎言，也要杜绝。父母要做到不论对人对事都真心诚意，这样孩子才能坦诚做人。

孩子总和父母对着干

有一位孩子对妈妈说："为什么我一听见你说学习的事情就来气，我知道你是为我好，但我心里很反感，或许这是一种叛逆心理。假如你不跟说我学习的事情，我很愿意跟你亲近的，而不是像现在这样，我害怕与你交流。"可以说，这是一位逆反期孩子的内心独白。

　　进入逆反期之后，孩子在生理上发生了很大的变化，身体慢慢开始发育成熟。不过他们生理上的成熟并没有带来心理上的成熟，不少孩子在这一时期出现了叛逆心理。

　　逆反期孩子的心理特征是：情感丰富，情绪波动。逆反期的孩子感情相对脆弱，有时开心，有时莫名伤心，对父母不愿意谈及心事，对朋友却可以敞开心扉；自我意识强，他们自我感觉像个小大人，不过思维情感却还是个孩子；他们开始偷藏自己的日记本，喜欢模仿大人的行为，比如涂指甲；讨厌父母的唠叨，不管自己对错，只要是来自父母的批评，他们都积极反抗。

　　逆反期孩子处于开放性与封闭性的矛盾，他们需要与同龄人，尤其是与异性、与父母平等交往，他们渴望他人和自己一样彼此之间敞开心灵。不过，由于每个人的性格和想法并不一样，难以满足逆反期孩子的这种渴求心理。甚至，有的孩子会把心里话诉说在日记里，又因为好强的自尊心，不愿意被他人所知道，于是就形成了既想让他人了解又害怕被别人了解的矛盾心理，同时也是他们与父母产生叛逆的原因。

小贴士

1. 倾听孩子的烦恼

　　实际上，叛逆的孩子不喜欢父母的唠叨，不过他们却喜欢向别人倾吐自己的心事。父母可以平心静气地当个好听众，他需要被倾听，这样会消除他心中的委屈、烦恼。父母可以跟孩子一起去野外散步，或跟孩子一起运动，这样彼此都感觉会很轻松。

2. 与孩子进行日记沟通

不论是父母还是孩子，都有心情不好的时候，这时不要把气撒在对方身上，最好的方式就是写到日记里，然后给对方看。跟孩子约好，互相看日记，这样容易谅解对方。当然，这需要征得孩子的同意，也可以让孩子把心事写在纸条上交给父母，有烦恼第一时间回复孩子，帮助孩子走出心理困惑。

3. 了解孩子叛逆的特点

父母可以通过了解孩子叛逆的特点，并告诉他这是每个年龄段的心理特征。实际上，叛逆的个性也并非全都不好，但需要引导孩子学会控制自己。假如他开始反驳父母，那证明他已经长大了。当然，父母需要告诉孩子叛逆的缺点和优点，帮助他顺利度过青春期。

4. 不要总是拿孩子去互相比较

在现实生活中，许多父母总喜欢拿自己的孩子跟其他的孩子比较，给孩子一种强大的压力，其实这样的做法是欠妥当的。每个孩子都是独立的个体，他们也有自己的优点，只是经常被父母忽视而已。假如父母总喜欢拿自己孩子的缺点跟别人的优点比，那会挫伤孩子的自尊心，自然会触动孩子的逆反情绪。

5. 少批评，多鼓励

对正处于逆反期的孩子，父母应该以鼓励教育为主。这个年龄阶段的孩子最反感的就是批评，假如父母经常批评他们一定可以激起其内心的反感。反之，假如父母经常发现他们身上的闪光点，激励他们，那他们就会如父母所想的那样去努力成长。

6. 把孩子当成人对待

父母应该学会平等地面对孩子，把他们当作大人看，这是最关键的问题。否则父母高高在上就不容易得到孩子的认可，得不到认可，就不容易知道他们心里究竟在想什么。不知道孩子的心事就难以对症下药，这样就达不到教育的效果。

孩子开始渴望独立

为什么孩子进了逆反期以后，就变得和以前不一样了，不听话了，这是许多父母都感到棘手的问题。教育专家表示，这一年龄阶段的孩子正值生理发育期，生理心理都有很大的变化。在这个时期，父母不能再像以前那样直接干预孩子的生活，而是从思想入手，增进亲子沟通。否则，孩子容易产生逆反心理，甚至产生敌对情绪。

处于逆反期的孩子一方面觉得自己已经是个成年人，竭力想摆脱父母的管教，不愿意被当作小孩子，渴望有独立的人格，渴望得到父母的接纳、理解和尊重。同时，希望获得某些权利，找到新的行为标准并渴望变换社会角色。在这个过程中，一旦他们自主意识受到阻力，人格发展受到限制，他们就会反抗。此外，由于他们的社会经验不足，自我生活能力还比较差，尚不能完全摆脱父母，因此他们的内心会产生各种各样的困惑与焦虑。

女儿从小跟妈妈一起睡，直到六七岁还这样。后来为了让孩子独立，给她专门准备了一个房间。

现在女儿13岁了，在寄宿学校读书，偶尔回来，因为太想念孩子，妈妈会主动提出："宝贝，今天妈妈跟你睡，好不好？"这时女儿便会不耐烦地说："我这么大了，还要跟妈妈睡？传到我同学耳朵里多丢人啊，你自己回房间睡吧，别管我了。"妈妈觉得被女儿嫌弃的感觉还真不好受，怎么她现在都不亲热了？

中国的父母总是过分关心孩子的事情，一旦孩子遇到困难了，他们比孩子还忧心忡忡；一旦孩子出现失误，他们就觉得自己有很大的责任。孩子在物质生活上依赖父母，父母在精神生活方面依赖孩子。假如父母用成年人功利的价值取向要求孩子决定取舍，当孩子的发展不能满足自己的期许时，就会产生教育职能被剥夺的焦虑。

父母对孩子的过分保护会产生两种极端的后果：一方面孩

子对父母的指引全盘肯定，对父母过于依赖，形成思维惰性，没办法选择适合自己的生活道路；另一方面，孩子对父母的要求全盘否定，陷入盲目的亲子敌对关系中，强化叛逆心理。再者，父母对孩子辨别能力的不认同，总是入侵孩子的私人空间，会造成孩子自我形象低下，他们会将自己许多青春期普遍存在的适应不良问题都归纳为父母的教育问题，从而激化亲子矛盾。

小贴士

1. 对孩子的爱不需要附加条件

父母要给孩子最纯真的爱，不过不能在"爱"的情感中附加任何条件。例如，有的父母关心照顾了孩子，就要求他回报优秀的成绩。父母需要充分信任孩子，有的父母总希望随时监视孩子，知道他的所有事情，知道他的一举一动，这会让孩子十分反感，从而破坏了亲子之间的信任和关系。

2. 做好亲子沟通工作

心理学家认为，引导逆反期的孩子，最主要的就是做好亲子沟通工作。与孩子建立良好的亲子关系，不能忽视孩子的存在，更不能破坏性地批评和强迫，这会大大地损害他的自尊心。有的父母总喜欢拿自己孩子的短处与别的孩子的长处做比较，这会引起孩子强烈的抗拒心理。假如当众管教孩子，那他的逆反心理会更强烈。父母只有多鼓励和表扬孩子，才能拉近彼此之间的亲子关系。

3. 对孩子不要强行"溺爱"

备受冷落的孩子希望得到父母的关爱，渴望得到自由的孩子却被父母强行"溺爱"，似乎不能自由呼吸。一旦孩子进入逆反期，父母需要记住：不要想方设法控制他。假如希望孩子好，就要沉下心来帮助他找出自身的价值观，以平等的方式创造、增大或转移孩子在乎的价值，使孩子产生推动自己的行为。

4. 培养孩子的自主性

自主性包括独立性、主动性和创造性三方面。父母在日常生活中要注意培养孩子的自主意识，鼓励孩子自己做主，允许他偶尔做一些不明智但安全的决定，引导孩子从错误中吸取教训。

5. 保持孩子独立的人格

父母和孩子都是具有独立人格的个体，谁也没有必要为了对方而牺牲自己，更不可以将自己的主观意志强加给对方。这将意味着父母与孩子之间应保持适当的心理距离，不要过于卷入。父母不可能始终陪伴在孩子身边，为他的一切选择做主。为了孩子未来能够适应社会，现在就要培养孩子独立的人格。

孩子讨厌被父母管着

心理学研究认为，进入逆反期的孩子独立活动的愿望变得越来越强烈，他们觉得自己已经不是小孩子了。他们的心理会呈现矛盾的地方：一方面想摆脱父母，自作主张；另一方面又必须依赖家庭。这个时期的孩子，由于缺乏生活经验，不恰当地理解自尊，强烈要求别人把他们看作是成人。假如这时父母还把他们当成小孩子来看待，对其进行无微不至的关怀，唠叨、啰唆，那孩子就会感到厌烦，感觉自尊心受到了伤害，从而萌发出对立的情绪。假如父母在同伴和异性面前管教他们，其逆反心理会更强烈，这时父母要巧妙管教。

女儿今年13岁了，最近总是喜欢和父母顶嘴，明明无理还要争辩。平时让她干什么事情，总喜欢等父母发了脾气才会行动。而且，挂在她嘴边最常说的一句话就是："要你管我？"

女儿平时不愿意跟父母交流沟通，处处与父母对立，不是频繁地发脾气、与父母争吵，就是乱扔衣服、不写作业，有时还会逃学、夜不归宿。父母没有两句话，女儿就会摔门而去，或者说："得了，得了，我什么都懂，一天到晚数落什么，我不需要你们管！"在学校与同学关系也不和睦，说话总是尖酸刻薄。老师教育她，嘴皮都说破了，她依然不动声色。父母为此都愁死了，不知道该怎么办。

许多父母经常抱怨孩子越来越不听话了，整天不想回家，不愿意与父母说心里话，做事比较任性。而孩子却说，父母一天到晚唠唠叨叨，规定这不许，那不准，真是讨厌。显然，父母与子女是在对着干。

小贴士

1.冷静面对孩子的逆反心理

通常孩子不太懂得控制自己，当他对父母的管教不服气时，他可能情绪会比较激动，可能会冲父母发脾气，可能会有过激的言语和行为，这时父母千万不要跟着孩子一起着急，要想办法控制孩子的情绪，可以先把事情暂时放一放。即便孩子顶嘴，父母再生气也要保持冷静，控制住自己的情绪，不能一看到孩子顶嘴就火冒三丈，甚至对孩子拳脚相加。因为这样做不仅无助于问题的解决，反而会使双方的情绪更加对立，孩子会更加不服气，父母会更生气，这样只会激化矛盾，不利于任何事情的解决。

2.倾听孩子的想法

父母要善于营造聆听气氛，这样孩子一旦遇上重要事情，就会来找父母商量。父母需要抽出时间陪伴孩子，如利用共聚晚餐的机会，留心听孩子说话，让孩子觉得自己备受重视。父母需要做的是顾问、朋友，而不是长者，只是细心倾听，协助抉择，而不插手干预，仅仅是提出建议。

3. 对孩子采取温暖的方式

有些父母认为孩子是自己的，想打就打，想骂就骂，这好像是很正常的。其实这样的教育方式恰恰错了，效果会适得其反。父母可以换个角度思考，站在孩子的立场，教育孩子，处理突发事件。父母应以情感人，以理服人，毕竟小孩子一时半会想不通，需要留给他们一些思考的时间。

4. 与孩子聊天

当孩子有了逆反的苗头时，要与孩子进行一次亲切的聊天，明确告诉他逆反是一种消极的情绪状态，大家都不喜欢，会影响自己的人际交往。长时间下去，孩子会变得蛮横无理，胡作非为，不利于自己身心和谐正常发展。父母可以告诉孩子：做父母的有多担心和顾虑，让他感受到他的逆反给身边的人造成的感情负担。

5. 批评孩子有技巧

不讲方法、不分场合地批评孩子，孩子犯了一个错误就要把他过去的种种错误全都翻出来，随意地贬低和挖苦孩子，教育孩子时连同他的人格一起做出批判，这些是很多父母的通病，也容易引起孩子的逆反。减少孩子的对立情绪，父母不能滥用批判，批评孩子前先要弄清事情的原委，分清场合，更不要贬低孩子的人格，批评孩子时要考虑孩子的情绪。而且，好孩子都是夸出来的，对孩子要多些表扬少些责怪，经常想想孩子的长处，关注孩子点滴的进步，寻找孩子身上的闪光点。这样一来，孩子平时受到的表扬和鼓励多了，犯错误也容易接受父母的批评。

6. 父母教育方式要保持一致

在面对孩子的教育问题，父母要保持一致的思想。不能父亲这样说，母亲又那样说；父亲在严厉地教育孩子，母亲却在一边护短。面对孩子的教育问题，父母可以先商量一下策略，口径一致后，再与孩子进行交流。

7. 尊重孩子合理意见

有的父母出于对孩子的关心，一心一意想让孩子在自己的庇护下长大成人，而孩子开始有强烈的独立自主要求，对父母强压给的想法和观念十分不满，从而感到逆反，容易与父母产生冲突。对于孩子的合理意见，父母要尊重，不要对孩子发号施令，以免让孩子产生抵触心理，对孩子尽可能地用商量的口吻"我认为""我希望"，以此改善孩子与父母的关系，减少孩子的逆反心理。

8. 正确"爱"孩子

父母应该意识到，对孩子过分的溺爱，实际上是害了他。父母应对孩子既要爱护又要严格要求，对孩子不合理的要求，不能无原则地迁就。假如孩子的企图第一次得逞，之后就会习惯由着自己的性子来，到时候父母想管教亦是无能为力。当孩子生气时，父母避免大声斥责。这时可以让孩子做一些能吸引他的事情，稳定其情绪，转移其注意力。等到孩子情绪稳定之后，再耐心地教育他。

　　进入逆反期的孩子，他们身上有一些伴随生理心理变化带来的逆反习惯，比如喜欢搞破坏、喜欢乱涂乱画。对孩子来说，世界是新奇的，他们带着好奇心去探索、认识事物，那些看似逆反的习惯其实是他们关于世界的认识。

孩子喜欢摔坏东西

生活中，有的孩子喜欢摔坏东西，孩子的这种情形就是心理学家所说的儿童破坏行为，孩子有这样的行为，父母大可不必紧张。心理学家认为，把自己感兴趣的东西拆开，是孩子学习探索的一种表现。他不是故意去破坏一个东西，而是因为他对这个东西感兴趣，想看看里面到底有什么东西。比如，有的孩子喜欢把玩具拆开，去看看车子为什么会动。这时孩子是沉浸在自己喜欢的事物里面，并努力通过自己的双手寻找答案。

有的孩子会以摔东西来表示"我生气了"，他们在发脾气时希望得到关爱，因为他们需要确认"我还是爸爸妈妈的宝贝"。孩子对现实中的事情都有自己的底线，若是让他承受过多的拒绝，对他而言是极其困难的。于是，发脾气、摔东西成为他们表达失望的方式，在这样的情况下，父母需要保持冷静。

而有的孩子摔了东西，不过是好心办坏了事。孩子的出发点是好的，不过由于经验不足或能力有限，结果事与愿违。有的孩子见金鱼缸结了薄冰，担心金鱼冻死，就把金鱼捞起来包在手帕里，结果金鱼反而死了。若是这样的情况，父母要肯定孩子的想法是好的，接着告诉孩子做错的原因，自己不懂的事情先要请教父母，自己力不能及的长大了再去做。

3~5岁的孩子开始接触外界的一切，对于自己遇到的事情，他都会摸一摸，尝一尝，闻一闻，偶尔也会把东西摔坏，来看看它会产生什么样的反应。假如孩子正处于这样一个阶段，那可以把家里贵重的东西藏好，给孩子一些安全的家用物品，或是买些耐摔的玩具。这时父母可以慢慢引导孩子什么东西可以碰，什么东西不可以碰。

实际上，对于喜欢搞破坏的孩子而言，他们的心理是复杂的，有很多种类型，父母需要耐心、细心地去发现，而不是一棍子打死，不能轻易地以打骂来应对孩子的破坏。

小贴士

1. 保持宽容心态

父母首先对孩子有宽容的心态，因为破坏的过程就是孩子学习的过程。不要严厉批评孩子，也千万不要说"不许再把玩具拆了，不然明天不给你买新玩具了"等这样警告和威胁的话，有时候父母的批评和威胁很可能会扼杀孩子可贵的探索精神。

2. 参与到破坏活动中来

父母应尽量地鼓励且参与到孩子破坏的过程中，这是一个手、眼都在活动的过程，可以促进他们思维的发展。鼓励孩子适当地进行破坏，就是鼓励孩子的创造力，以及对更多事物的探索兴趣。当父母看到孩子玩具拆了，应蹲下来参与到孩子的活动中，"这里面是什么呢？怎么会动呢？"引导、帮助孩子一起寻找结果，然后再跟孩子一起把拆开的玩具恢复原样。

3. 引导孩子思考

在日常生活中，父母要多提一些问题让孩子去猜、去想，比如闹钟为什么会响呢？为什么会滴滴答答的呢？假如把闹钟的针取掉了，那它还会走吗？还会响吗？父母需要做的就是问题提出后，主动带领孩子从破坏中寻找答案。

4. 让孩子当修理工

假如孩子好奇地想知道各种现象发生的原因，总想搞清楚不停转动的闹钟里面装了什么？电视里是否真的有个会说话的小孩子？那当爸爸在修理家中这些东西的时候，不妨让孩子观摩，必要时也可参与到其中。爸爸可以当着孩子的面拆卸家中废弃的东西，没有危险性的部分则让孩子来动手。

5. 让孩子自己收拾残局

假如孩子是无心造成的过失，那父母可以在他力所能及的范围内让他对自己的行为负责。比如杯子打翻了，就让孩子用抹布去擦干桌子，玻璃瓶打破了，就让他帮忙拿来扫帚和簸箕。不要乱加责备孩子，毕竟孩子不是故意的。

6. 与孩子多交流

小孩子通常会有无穷的精力，孩子善于破坏的背后很可能隐藏着一颗渴望探索的心。父母应该为孩子提供一个良好的活动空间，尤其是那些独生子女，让孩子多和邻居的同伴玩耍，休息时多参加集体活动。父母要经常与孩子沟通，了解孩子最近有什么烦恼，或孩子有什么需要。

孩子喜欢抢玩具

父母会发现，孩子在某个阶段会喜欢抢别人的东西，他们总觉得别人手里的东西是好的，不但抢父母手里的东西，有时候还喜欢抢其他孩子手里的不属于自己的东西。当孩子正在玩一个玩具时，他玩够了就会扔掉，然后又拿起第二个玩具玩。这时父母把之前那个玩具捡起来，孩子看到了便会扔掉第二个玩具，又开始抢父母手里的玩具。如此反反复复，对孩子来说，好像只有别人手里的才是好的。

有一次，妈妈带着楠楠一起去朋友家里，正好朋友家的孩子跟楠楠年纪相仿。大人们愉快地聊天，两个小朋友一起玩得很开心。但是，没过多久，妈妈就听到了楠楠的哭声，两个大人走过去看个究竟，原来楠楠喜欢上了别人的飞机模具，非要抢过来玩，抢不过就哭了起来。朋友上前去把自己孩子批评了几句，拿过玩具递给楠楠，楠楠不哭了，不过朋友的孩子却哭了起来。最后，还是妈妈承诺给楠楠买一模一样的玩具才罢手。

其实，平时妈妈也发现楠楠喜欢抢东西这一特点。有时候他去小区里玩，虽然自己手里也拿着刚买的玩具枪，但看到别人手上有更新款的玩具，楠楠便会直接冲过去抢。妈妈觉得，在楠楠看来好像东西都是别人的好。

父母看到孩子喜欢抢东西，会不自觉地认为孩子比较自私，长大后也会成为自私自利的人。但事实上，当孩子的自我意识开始萌芽，就会表现以自我为中心。他们认为自己的东西是自己的，别人的东西也是自己的，所以看到喜欢的就会拿走，看到感兴趣的东西会霸占为己有。孩子因自我意识而抢东西，这是没有任何恶意的，是一种很正常的行为。

孩子喜欢抢别人的东西，大概是出于以下几类原因：

感觉比较新鲜。毕竟孩子缺乏一些认知能力，看到别人手里的东西，心里觉得新鲜又好玩，从而忍不住想要自己抢过来。虽然他们内心并没有想要抢别人的东西，只是因为很喜欢，所以行为方面比较过激。

感到十分好奇。孩子对很多事情都是一无所知的，他们总想认识周围新鲜的事物。在很多新鲜事情的引诱下，孩子们的好奇心渐渐被激发出来了。别人手里的东西，如果只能远远看着，完全不能满足内心的好奇。所以，为了仔细看一下，他们便会忍不住想要拿来自己研究一下。但孩子并不懂得如何与对方商量，让对方把东西拿给自己，所以他们就索性开始抢了。

强烈的占有欲。孩子的自我意识渐渐萌发，容易以自我为中心，认为一切东西都是自己的，他们完全没有意识到自己和别人是有区别的。出于自我意识的萌发，他们对很多东西想拿就拿，完全没有顾忌。换句话说，那些喜欢抢别人东西的孩子，通常有较强的占有欲。

小贴士

1. 引导孩子认识归属者

父母需要有意识地帮孩子建立所有权的观念，比如，当孩子想要别人手里的东西，父母可以强调："这个玩具是东东的，你只能玩一下，不能带走，你玩一会儿要还给东东，你的玩具在家里呢。"这些话可以让孩子认识到东西的归属感，有所有权的概念。

2. 告诉孩子良好的沟通

看到孩子喜欢抢别人的东西，有些父母会直接制止："怎么能抢别人的东西呢？这是不好的行为。"其实，这样的话对孩子而言，他们并不太能接受。最好的引导，应该是告诉孩子应该怎么做，比如"如果你喜欢他手里的东西，你应该先问一下他愿不愿意把东西借给你玩一下，或者你有好的东西跟他交换着玩"，让孩子知道如何与人友好协商，而不是直接抢东西。

3. 及时肯定孩子好的行为

当孩子不是直接抢东西，而是友好地协商"我可以玩一下你的玩具吗""我有一个玩具，不如我们交换玩一下，你愿意吗"，父母需要及时肯定孩子这样的行为，他们才会意识到这样做是正确的。

4. 让孩子学会分享

孩子通常不愿意把自己的玩具拿给别人玩，这是很正常的心理。所以，当其他的小朋友想玩他的某个东西时，父母不应该强制要求他谦让给别人。而是让孩子学会分享，引导他愿意和别的小朋友玩，比如"你把这个玩具借给他玩一下，以后他有了新玩具也会借给你玩的，这样你们就各自有两个玩具玩了"。

5.别为了满足其他孩子而让自己孩子委屈

当孩子的东西被抢时，父母不要强行把东西从自己孩子手里抢过来满足其他孩子。因为这样时间长了，孩子就会形成思维定势，导致自己变得越来越懦弱，慢慢就会形成优柔寡断、不敢反抗、不会拒绝的性格。这时父母应该好好保护孩子，让孩子感受到爱的呵护。

6.让孩子学会换位思考

当孩子玩得正高兴时，突然抢走他手里的东西，然后问他"你的东西被抢了会难过吗"，孩子的回答是会难过。那么，再告诉孩子，如果他抢走了别人的东西，别人也会感到很难过。当孩子感受到被抢的负面情绪之后，他就会真正地学会换位思考，为他人着想。

7.最好的教育在第一次

当发现孩子第一次抢别人的东西时，父母就应该及时教育，这样可以快速有效地将孩子不良的行为纠正过来，同时可以防止孩子在多次重复这种行为之后，养成根深蒂固的坏习惯。

孩子喜欢胡乱涂抹

孩子到了某个阶段，就很喜欢乱画、乱涂，家里的床、墙壁，只要孩子够得到的地方都被涂鸦过。这时父母总会说"你到底在画什么，根本看不懂""乖乖，不要在墙上乱涂乱画""孩子，这个小草应该是这样画，来妈妈教你"等。事实上，孩子在这一阶段喜欢乱涂乱画是有原因的，父母应该认真对待这一现象。

孩子喜欢乱涂乱画是身心发展的一种外在表现，通常这一阶段的孩子处于涂鸦期至象征期的过渡阶段，是孩子绘画的最初级阶段。对孩子来说，乱涂乱画只是一种行动，或是一种游戏，他们在这个过程中注重的不是涂画的结果，而是享受涂画的过程，从而获得心理上的满足和快乐。

乱涂乱画是孩子成长过程中必然经历的阶段，孩子乱涂乱画并不是真的在绘画。许多父母看到孩子拿笔乱涂乱画时，就会想：是不是该让孩子学画画了？这一阶段是孩子的涂鸦敏感期，孩子们之所以喜欢乱涂乱画，是随着自己的感知觉与动作有了一定的发展与协调之后，对身边环境做出的新探索，是一种新的动作练习。

乱涂乱画是孩子的一种沟通手段，孩子最初的涂鸦都是无意识的，没有绘画构思和目的。不过，随着年龄的增长，孩子会逐步调整自己手部的控制力，从而利用乱涂乱画进行自我创作和情绪表达。并非所有的孩子都可以很好地表达真实内心，乱涂乱画成为孩子们的第二语言，乱涂乱画可以帮助孩子表达自我，与他人交流。

当然，有的孩子乱涂乱画，是因为爱上了画画，而且对绘画活动产生了浓厚的兴趣和爱好。一旦孩子有了兴趣和爱好，就有了想表现的欲望，想办法去满足这个愿望，于是就只有乱涂乱画。如果孩子产生了绘画的兴趣，父母没有及时配备绘画的工具，他们就会在自己认为可以绘画的地方来满足绘画的欲望。

◈ 小贴士

1. 认真对待孩子的乱涂乱画

父母需要有耐心地去看孩子的乱涂乱画，不论是孩子一时兴致随便涂画，还是精心绘画，父母都要认真对待，站在孩子的角度去看他到底想表达什么。那些看起来稚嫩的作品，有可能是孩子一时的想象，可能是孩子当下的心情，可能是孩子未来的目标，可能孩子自己都没意识到在画什么。不过父母若能够认真欣赏，那就是对孩子莫大的肯定与关注，会给予孩子精神上很大的支持。

2. 鼓励孩子

看到孩子乱涂乱画，需要及时给予孩子积极的肯定。不论孩子画得像不像，父母不应该说"你这画的什么呀，乱七八糟"，这样会打击孩子的自信心，而是应该不吝啬自己的赞美之词，赞扬一下孩子"你画得真棒，你说画的是什么？小草，哦，看起来真像，你告诉妈妈，你是怎么画出来的，教一教妈妈”。孩子获得赞赏之后，内心会得到由衷的满足，或许以后在这方面有特别的表现。

3. 与孩子一起涂画

父母应该参与到孩子的涂画活动中，千万不能小看孩子的乱涂乱画，其实很有童趣。父母应该抽出一些时间，与孩子一起涂画，这样可以促进亲子关系，又可以适当引导孩子的想象力，比如用什么颜色，画什么，如何布局等等，可以与孩子一起协商完成绘画作品。当然，在这个过程中，需要以孩子为主，父母只需要参与就行，不能强制性要求孩子一定要画什么。

4. 给予孩子内心的回应

有时候，孩子在涂画中，可能隐藏了某些他的真实的情绪表达。父母在观察孩子的绘画作品之后，感知孩子细腻的心思，然后给予一定的回应，比如“原来宝贝眼中的天空是如此绚丽多彩啊，小草还知道疼痛呢，嗯，真不错”。这样一来，一旦给予了孩子良好的回应，他在未来感知世界时会收获更多。

孩子有强烈的表现欲

孩子进入幼儿期，常常会在人多的场合出现“人来疯”行为，异常活泼，非常调皮，让父母感到手足无措。孩子“人来疯"的行为，指的是孩子在客人面前或在有陌生人的场合表现出一种近似胡闹的异常兴奋状态。比如，家里来客人了，孩子表现得十分高兴，一开始还能正常说话玩耍，渐渐地却陷入了一种近乎疯狂的状态，又吵又闹、上蹿下跳，让客人大为吃惊，父母也尴尬不已，却不知道如何让孩子安静下来，担心孩子的行为会给客人留下不好的印象。

许多父母都经历过孩子的"人来疯"，平时看起来很听话的孩子，忽然之间在客人面前或公共场所，变得非常亢奋，如一只脱缰的小野马，不仅大吵大闹，而且还蛮横无理。七八岁的孩子本身就具有强烈的表现欲，喜欢给别人带来乐趣，希望得到别人的肯定和赞扬，不过，孩子在人们面前表现时又不能很好地掌握分寸，结果就疯过头了。

那么，孩子为什么会人来疯呢？

1. 缺乏自控力

孩子的自控能力才刚刚发展，所以不能有效地控制自己。他们平时的行为带有很大的冲动性，而且自控行为会随着场景而发生变化，一会儿好一会儿坏。当家里有了客人，父母会鼓励孩子表现自己，哪怕孩子表现过火了，父母也不会当着客人的面批评孩子。聪明的孩子感觉到父母的宽容，便会彻底释放自己的天性，所以不容易控制自己的言行。

2. 孩子渴望得到关注

现实生活中许多父母因平时工作繁忙，很少带孩子出去玩，孩子在家里总是与爷爷奶奶一起玩耍，不然就是电视、玩具，他们的交往需要得不到满足。所以，当家里来了客人，孩子会感到好奇、兴奋，终于有人关注自己了。这时候如果父母只是跟客人聊天，那孩子心里就会觉得被冷落了，便会有意识地做出一些偏常行为，从而引起别人的关注。哪怕这样的行为会引来父母的批评，他们也会感到满足。

3. 父母太溺爱或太严厉

有些父母对孩子太溺爱，不论孩子的要求是否合理，总是给予满足，让孩子变得自私、任性，在客人面前也不听父母的话，无理取闹；反之，有些父母对孩子太严厉，严重抑制了孩子喜欢玩的天性，当有人在场时，父母的注意力更多集中在客人身上，那孩子就会抓住机会来尽情表现自己。

4. 客人出于面子的宽容

有时候，客人的宽容很容易引起孩子的"人来疯"。当孩子在表演的时候，客人会出于面子夸奖孩子，以此来取悦父母；或者主动逗孩子，即便孩子做得不好，客人也不会过分苛求，非常宽容和纵容，这样会让孩子更加兴奋，趁机做一些平时不太敢做的举动。

✳ 小贴士

那么，对孩子的"人来疯"行为，父母应该怎么办呢？

1. 别当着客人面批评孩子

家里来了客人，当孩子出现"人来疯"行为时，父母不必着急，更不要当着客人的面批评孩子，这样会让孩子感到很难堪，会感到很没面子甚至会出现逆反行为。同时会让孩子感到只要客人来了自己就变得不重要了，需要尊重孩子的自尊。

2. 给孩子适当的表现机会

家里有客人来，可以给孩子适当的表现机会，比如让孩子唱歌，讲故事，朗诵诗等，然后告诉孩子："你的歌唱得真不错，下次再给叔叔唱一首更好的，好不好？"如果孩子很兴奋，还想继续表演，那父母可以暗示"叔叔喜欢听话的孩子，你先自己去玩吧"。

3. 给孩子讲道理

家里客人来之前，父母可以先给孩子讲道理，不许"人来疯"，同时提出惩罚或奖励的方法。比如，假如孩子出现"人来疯"行为，就给予批评，取消周末野炊的计划等；假如孩子听话，没有出现"人来疯"行为，就及时表扬，满足其提出的合理要求。

4. 多让孩子出门玩耍

父母想要减少孩子"人来疯"行为，可以多为孩子制造与外界接触的机会，带孩子多参加一些聚会，让孩子与同龄孩子玩耍，减少孩子看见陌生人的新鲜感。如果孩子不愿意与陌生孩子玩耍，父母也需要及时引导，让孩子慢慢感受到与人交往的乐趣，学会主动与人交往。

5. 给孩子自由玩耍的时间

有的孩子平时看起来很乖，一旦有客人来了就出现"人来疯"行为。这时父母应该反思是否平时的管教太过于严厉。如果是这样，父母就不要过多限制孩子的自由玩耍时间，给孩子买一些合适的玩具，引导孩子多交同龄朋友，让孩子活泼好动的天性得到充分解放。

6. 别溺爱孩子

孩子出现"人来疯"行为在于缺乏自制力，所以父母在平时教育孩子时要特别注意。对于孩子提出的要求，不能总是满足，特别是一些不好的习惯，应该及时制止，不能纵容，养成孩子"以自我为中心"的心理。这样渐渐地，孩子的自制力就会慢慢增强。

7. 别冷落孩子

家里有客人时，父母与客人聊天的时候，别把孩子冷落在一边，这种时候应该让孩子学会招呼客人，比如帮忙倒茶，帮忙拿东西，有时也可以参加聊天，问孩子一些感兴趣的事情等。这样孩子可以感受到父母和客人对自己的喜欢，同时还能学一些待人接物的行为。同时满足了孩子的表现欲，也不会给客人造成难堪局面。

8. 别过多关注孩子"人来疯"行为

父母需要避免强化孩子的"人来疯"行为，一家人保持统一的教育方式，在孩子出现"人来疯"行为时别过多关注孩子，假装什么也没看见。同时，也引导并暗示客人不要关注孩子的行为。这样，孩子觉得没趣自然也不会再用这种方式吸引注意力了。

孩子模仿能力强

孩子天生喜欢模仿，因为模仿是孩子学习技能、探索世界的一种方式。随着年龄的增长，孩子的语言表达能力不断地提高，模仿能力也逐渐加强。一般而言，孩子对世界的认知开始是通过他所看到、听到、触摸、闻到的感官系统对外部环境信息进行接收，这是由于孩子大脑负责外界信息收集的神经元在他出生时就已发育成熟，这就是孩子喜欢模仿的基础。而负责信息处理、逻辑想象这部分的神经元在孩子2岁开始发育，快速发育期在3~6岁，这一阶段孩子的模仿能力会加强。

园园喜欢模仿是在2岁时的行为，她每次在家总不爱穿自己的鞋子，而是偏爱妈妈的高跟鞋，而且穿着妈妈的鞋子，走起路来感觉很神奇。平时趁着爸妈不在家，她还会拿着妈妈的化妆品给自己脸上乱涂抹，还不时照镜子。

后来上了幼儿园之后，她开始喜欢模仿与自己同龄或比自己大的孩子，别的孩子做什么，她就学别人做什么，连老师都说她的行为比别的小朋友明显，不过在爸妈和比她小的孩子面前又不这样。

园园妈妈觉得孩子很没有自己的主见，总是别的小朋友做什么她就做什么，比如跟妞妞一起玩，妞妞玩得哈哈大笑她也哈哈大笑，妞妞爬扶梯时摔倒了，园园也跟着摔倒，这个现象都持续大半年了。

园园突然之间成为了同伴的"跟屁虫"了，这让许多父母感到苦恼和困惑。看到别的孩子做什么，自己的孩子就做什么，这让许多父母认为自己的孩子没有个性、缺乏主见，甚至认为这是不好的现象。

事实上，孩子喜欢模仿是正常行为。孩子最开始喜欢模仿父母，因为父母是孩子的第一任导师，一般孩子模仿父母的年龄应该是2岁左右，比如女孩喜欢穿妈妈的高跟鞋，男孩喜欢模仿爸爸开汽车。对孩子而言，他们认为喜欢的事情就是愿意模仿的事，这主要在孩子大脑情绪记忆系统，比如额叶与边缘系统会存储下来，这是一种良好的体验行为，这种感觉就像成年人所感受的成就感、意义感、被认可感一样。孩子带着这种兴奋感、舒服感，指引着他们的大脑不断重复，所表现出来的就是强烈的模仿行为。

孩子为什么喜欢模仿呢？

模仿即学习。孩子有很强的观察力，喜欢模仿他人的言行举止。实际上，这是孩子学习的一种方式。父母不必担心，只是孩子没有足够的知识经验，就只能通过观察同伴的行为表现来模仿学习，从而获得相应的经验。

一种从众心理。孩子从模仿中能够获得成功和喜悦的乐趣。孩子也喜欢随大流，想跟别人一样，获得别人的认可，融入集体活动中，这是一种人际交往、人际依赖的心理安全需要，获得一种群体归属感。

独立自主意识较弱。孩子年龄小，独立自主意识较弱，依赖心理严重，他们的很多能力都是凭模仿学会的。有了模仿，减少了不必要的探索和尝试，快速掌握别人已经摸索出来的各种技能，才有时间、有精力去创新和发展。

小贴士

1. 正确看待孩子之间的相互模仿

孩子看到别的孩子吃什么，他也要同样的东西。看到这样的行为，父母不要小题大做，将孩子之间的模仿行为认为是嫉妒、攀比、无理取闹等行为，也别采用错误的方式来对待孩子，比如拒绝孩子的要求，放任孩子哭闹。其实，孩子之间的模仿是一种自然本能，而嫉妒行为则伴随有哭闹等行为表现。模仿同伴就是一种学习和交流，父母错误对待会不利于孩子的学习，而且也会影响孩子与同伴之间的关系。

2. 孩子不是跟屁虫

看见孩子跟着学同龄的孩子，觉得孩子没个性、缺乏主见，这其实是父母对孩子模仿行为持批评和否定态度。孩子的观点和主见主要是在模仿的基础上渐渐形成的，他们只有在同伴面前才互相模仿，从而实现真正的交流。

3. 通过互相模仿改掉孩子的坏习惯

孩子在成长过程中难免会养成一些坏习惯，而相互模仿则可以促使孩子改掉一些不良的习惯。比如两个孩子一起吃饭，看着同伴吃饭很乖，父母就可以正面鼓励孩子去模仿对方"你看姐姐好棒哦，自己吃饭，她根本不需要妈妈喂"，这样就可以通过互相模仿渐渐地改变孩子的不良吃饭习惯。

4. 注意孩子模仿的内容

互相模仿也存在一些问题，既然孩子可以模仿同伴的好行为，也会模仿一些不好的行为，所以需要父母经常把关，注意孩子模仿的内容。比如，孩子最近学班里的同学说脏话，父母就要及时干预和正面引导了。很多时候，孩子在模仿行为时并不清楚这个行为背后的意思，也不明白行为的好坏。而父母需要告诉孩子这是一个不好的行为，让孩子改掉这些不良行为。

5. 告诉孩子是怎么回事

如果父母不希望孩子去模仿同伴的某些行为，最好的办法就是不要把那些事情搞得很神秘，开诚布公地让孩子去了解怎么回事，好奇心没了，自然注意力也就会转移到其他方面。比如孩子会模仿同伴的口头禅、脏话或者口吃、频繁眨眼等动作，父母不要大惊失色严厉禁止，这样做会适得其反，加重孩子的好奇心和反抗心理，用表明态度、然后忽略的方式对待，等孩子的好奇心消失，这类行为症状也会自然消失。

第 5 章

逆反行为，社交的恐惧

　　孩子进入逆反期，有一些逆反行为，比如与小伙伴相处不好，不懂得分享，与同学容易发生矛盾，等等，滋生一些社交恐惧，人际关系变得糟糕。在这一阶段，父母应该积极引导孩子逆反行为，让孩子轻松自如地进行社交。

孩子不能有效控制情感

孩子大约从1岁半到2岁起，他们的嫉妒心理就开始有了明显而具体的表现。刚开始孩子的嫉妒大多与母亲有关，假如自己的母亲将注意力转移到其他孩子身上，孩子就会以攻击的形式对别的孩子发泄嫉妒心理。

孩子的嫉妒具有明显的外露性，有时还具有攻击性、破坏性。孩子的嫉妒与成年人的嫉妒有不同之处，主要是不能有效地控制自己的情感。孩子直接而坦率地表露情感，根本不考虑后果。比如自己很想要的玩具，妈妈不给买，那就特别讨厌那些有这种玩具的孩子，有时甚至会把人家的玩具弄坏。

5岁的乐乐是一个非常可爱的孩子，一个周末，乐乐妈妈的同事带着自己3岁的儿子到乐乐家里玩，妈妈很热情地接待了他们，并开心地逗同事的儿子玩耍。刚开始，乐乐也挤过去亲了亲小弟弟，不过没过多久，乐乐就有些不高兴了，因为妈妈抱着小弟弟，一点也没有放下的意思，还又亲又笑，乐乐觉得自己受到了冷落。

于是，乐乐开始大声唱歌，但没有注意她。乐乐又跳起了自己最擅长的舞蹈，不过还是没有人来搭理她。终于，乐乐忍不住了，她忽然间摔坏了自己的杯子，然后坐在地板上放声大哭，结果把妈妈的同事和妈妈弄得十分尴尬。

可以说嫉妒是一种消极的心理，是对别人在品德、能力等方面胜过自己而产生的一种不满和怨恨，是一种被扭曲了的情感。如果孩子将这样负面的心理保留到以后，那孩子就难以协调与他人的关系，难以在生活中保持心情舒畅。所以父母需要纠正孩子的这一负面心理。

🔷 小贴士

1. 了解孩子嫉妒心理产生的原因

父母只有了解孩子产生嫉妒的原因，才能对孩子进行有针对性的教育。通常孩子的嫉妒心理产生的原因有三：一是环境影响，假如在家里，父母之间互相猜疑，互相看不起，或当着孩子的面议论、贬低他人，会在无形中影响孩子的心理；二是孩子能力较强，不过某些方面比不上其他孩子，通常各方面都比较弱的孩子，他们会处于安分的状态，因为他们已经习惯于当弱者，而那些能力较强的孩子，就会对别的有能力的小朋友产生嫉妒；三是不恰当的教育方式，有的父母经常对自己的孩子说他在什么方面不如某个小朋友，让孩子认为父母喜欢别的小朋友，不喜欢自己，这些孩子会因为不服气而产生嫉妒。

2. 倾听孩子的心理感受

孩子的嫉妒是直观的、真实的甚至自然的，完全不似成年人嫉妒心理那样掺杂着许多的因素，它只是孩子对自己愿望不能实现而产生的一种本能心理反应。所以，父母不要盲目地对孩子的嫉妒行为进行批评，而是耐心倾听孩子心中的烦恼，理解孩子没办法实现自己的愿望所产生的痛苦情绪，便于孩子因嫉妒产生的不良情绪可以得到宣泄。

3. 正确评价孩子

大多数孩子都喜欢受到表扬和鼓励。父母的表扬得当，可以巩固其优点，增加孩子自信；若表扬过度或不当，会使孩子骄傲，从而看不起别人。由于孩子年龄较小，自我意识刚开始萌芽，他还不会全面地看待问题，所以不能正确地评价自己和别人。所以父母对孩子的品德、能力的评价应客观正确，适当指出孩子的优点和缺点，让孩子明白每个人都有长处和短处，帮助孩子正确评价自己。

4. 帮助孩子分析与其他孩子产生差距的原因

孩子的思维方式主要以具体形体思维为主，通常不具备对事物进行全面分析的能力。孩子往往会将自己的嫉妒简单地归于自己或所嫉妒的对象，而不去考虑其他因素。所以，父母可以帮助孩子全面分析造成自己孩子与所嫉妒对象之间的差距产生的原因，能否缩短这些差距，采用什么样的方法来缩短这种差距，以积极的方式缩短实际存在的差距，化解内心的不平衡。

5. 对孩子进行美德教育

一般嫉妒心理产生在有一定能力的孩子身上，他们觉得自己有能力，却没有受到别人的表扬，所以对那些受到注意和表扬的孩子产生嫉妒。父母对此要对孩子进行美德教育，让孩子懂得"谦虚使人进步，骄傲使人落后"的道理。让孩子明白即便没有人称赞自己，自己的优点依然存在，假如继续保持优点，又虚心向别人学习，那自己才会得到更多人的喜欢。

6. 培养孩子乐观的性格

父母应教育孩子理解人与人之间客观存在的差异性，让孩子明白每个人有自己的优势和长处，不过同时每个人有自己的劣势和短处。引导孩子充分发挥自己的长处，扬长避短，在生活和学习中学会正视别人的优势和长处，欣赏别人的优点，从而可以学习、借鉴对方的优势，以弥补自己的不足。

7. 帮助孩子树立正确的竞争意识

大多数有嫉妒心理的孩子都有争强好胜的性格，父母要引导和教育孩子用自己的努力和实际能力去与别人比较。竞争是为了找出差距，更快地进步和取长补短，父母要教导孩子不可以用不正当、不光彩的手段去获取竞争的胜利，将孩子的好胜心引向积极的方向。

孩子总是很霸道

互惠原理认为，我们应该尽量以相同的方式回报他人为我们所做的一切，即受人恩惠就要回报。在日常生活中，许多孩子都有着这样的特点：表现得非常霸道，独占欲很强，喜欢一个人玩，在游戏中经常把许多玩具放在自己的周围，并常常对那些企图玩自己玩具的小朋友说："这些玩具都是我的！你不能玩！"这样的孩子不会与他人分享，也自然体会不到分享的快乐。其实，造成这样的情况，大多数都是与家庭环境和家庭教育有着极密切的关系。

现在绝大多数孩子都是独生子女，因而他们都成了家庭的"中心人物"，父母以孩子为中心，独生子女缺乏与伙伴分享交往等是造成孩子霸道、不会分享的根源。但是，只要父母从这些根源出发，对症下药，就能让孩子体会到分享的甜头，继而学会分享。

周末，妈妈带着潇潇去公园玩。孩子出门时就带了许多玩具，比如小汽车、奥特曼等，他到公园的空地上把自己的玩具铺开，马上吸引了小朋友的眼光。有的小朋友眨巴着眼睛盯着潇潇的玩具，看样子十分想玩，妈妈对孩子说："跟小朋友一起玩，好不好？"潇潇马上抱着自己玩具，说道："不可以，他们笨手笨脚的，万一给我把玩具弄坏了怎么办？"妈妈沉默了，这时潇潇看到了公园里的一个小朋友独自在玩遥控飞机，潇潇对那小朋友投去了羡慕的眼光。妈妈看见了，对潇潇说："你也想玩吗？"孩子点点头，说："想玩。""那你向那个小朋友借玩具玩一下吧。"妈妈对潇潇说，孩子用疑惑的眼神看了看妈妈，摇了摇头说："他又不认识我，怎么会把玩具借给我玩。"

虽然，那些不喜欢分享的"小气"孩子并不少见，而且"小气"也不算是什么大的缺点，但如果一个孩子什么都不愿意与他人分享，独占意识很强，他是很难与别人形成良好的人际关系的，这对于孩子今后的发展也是有着极为不利的影响。让孩子学会分享，首要任务就是要让孩子体会到分享的甜头，让他在与他人分享中获得快乐。久而久之，孩子就会主动与他人分享东西，也就养成了喜欢分享的良好的行为习惯。

小贴士

1. 不娇不溺，家人共享

父母不要溺爱孩子，让孩子吃独食，这样娇惯下的孩子是不愿意与他人分享的。有的父母出于对孩子的爱，就把那些好吃的好玩的全让给孩子，即使孩子会想着与父母分享，父母也会推辞，让孩子一个人独享。时间长了，就强化了孩子的独享意识，孩子理所当然地把那些好吃的好玩的占为己有。所以，父母不要娇惯和溺爱孩子，也不要以孩子为中心，甚至无限制、无条件地满足孩子的任何需求，而是让孩子们学会感恩，学会把自己喜欢的东西拿出来与家人共享，让孩子体会到分享的甜头。

2. 不要对孩子特殊化

在日常的家庭生活中，父母要形成一种"公平"的态度，这对防止孩子滋长"独享"意识有积极的意义。父母教导孩子既要看到自己也要想到别人，懂得人与人之间相处是建立在平等的基础之上的。让孩子明白好东西应该与大家一起分享，不能只顾自己而不顾别人。

3. 让孩子在分享中获得互利

许多孩子之所以不愿意与别人分享，是因为他觉得自己分享了就意味着失去，这时候，父母应该理解孩子这种不愿意失去的心情，慢慢引导，让孩子明白分享并不是失去而是一种互利，分享体现了自己的大度与关怀，自己与别人分享了，别人也会回报自己的大度与关怀，这样在分享中获得一种快乐。一旦孩子在分享中获得了互利与快乐，他就会乐于与别人分享自己的东西。

4. 鼓励孩子学会与他人分享

父母可以积极创造机会让孩子与其他小朋友一起玩，让孩子在与同龄孩子游戏中变得大方，教给孩子与人交往的技巧，帮助孩子养成关爱他人、谦让友好的行为习惯。另外，还要鼓励孩子与他人分享，当孩子表现出分享的行为时，父母应该给予及时的鼓励和赞赏，让孩子感受到分享的快乐，让孩子看到来自父母的肯定与认可。

孩子与同学相处不好

　　蚂蚁是自然界最为团结的动物之一，一只蚂蚁的力量确实是微不足道的，但一百万只甚至更多只的蚂蚁组成的军团则可以横扫整片树木或一幢幢高楼，可以将一只狮子或老虎在短短的时间内啃成一堆骨头。"蚂蚁效应"对孩子的启示是：人心齐，泰山移。团结就是力量。

　　无论是在家庭的小集体里，还是在学校，或者社会这样的大集体里，父母都应该教会孩子懂得团结，并学会从团结中获得力量。

　　团结是一种巨大的力量，它让孩子们学会处理与同学之间的关系，以友好的态度去拥抱队员，更让孩子懂得如何与人相处。有的孩子习惯在家里以自我为中心，到了学校这样的大集体里，他就会处处不乐意，与同学相处不好，游戏、活动、竞赛，他也因为种种原因而不参加。实际上，孩子的交往能力已经受到了阻碍，这时候，父母要教会孩子学会团结，让孩子明白只有团结才能把事情做好，只有团结才能让集体充满温暖与快乐。

　　班里在组织篮球队，个子较矮的儿子成为了后卫，天天训练回来都是一脸神采，忍不住在爸爸妈妈面前夸耀班里的篮球队。可是，这两天儿子却愁眉苦脸的，一点精神也没有。"宝贝，你们班的篮球队解散了吗？爸爸还想去看看你们的第一次球赛呢。"爸爸好奇地问道。

儿子摇摇头，不过，从表情上看有点伤心难过。

妈妈特意打电话问了老师，原来孩子在训练过程中与中锋队员发生了不快，这些天儿子正闹着要退出篮球队呢。哦，原来这孩子与同学闹矛盾了，小性子脾气又上来了。

教会孩子学会团结，就是帮助孩子在团队里立足，最关键的是让孩子除了表现自己，还需要有一颗成人之美的心，继而才能和谐处理队员之间的关系。这一些都需要父母有意识地去培养，在平时的生活中，父母要给孩子多一些锻炼的空间，让孩子学会体贴别人，学会宽容待人。

父母应该让孩子知道每个人都是有自己个性的，对事情也各有不同的想法，而不是一味地要求别人与自己一样，让孩子学会欣赏、肯定别人。

❖ 小贴士

1. 在家庭中形成团结的氛围

家庭也是一个小集体，若父母参加类似家庭的活动，不妨带着孩子也一起参加，不要因为孩子小而拒绝他参与大人的活动。比如，父母在外出游玩或拜访亲友时可以带上孩子，这会让孩子产生一种集体感，体会到与家人在一起的快乐。父母也可以邀请同龄的爸爸妈妈参加类似家庭聚会，通过参加家庭游戏，让孩子体会到团结的力量。

2. 鼓励孩子参加集体活动

在学校有许多课外活动，即使在假期也会有夏令营之类的活动，这时候父母都要积极地鼓励孩子多参加集体活动，让孩子在与同龄孩子的相处中，感受团结的幸福与快乐。如果孩子在相处过程中耍了小脾气，远离了集体，这让他尝到了不团结相处的失落感。父母不要太过于担心孩子，也不要制止他与同龄伙伴的来往，如果你一味地要求孩子待在家里，这也让孩子失去了与他人相处的机会。

3. 引导孩子与同学和睦相处

在学校每个班级都是一个集体，有时候，孩子会抱怨"某某同学不好相处"，这时候，父母要正面引导孩子，让孩子明白他所处的环境就是一个集体，让孩子学会与同学和睦相处，继而团结同学，增强班级荣誉感。

4. 教孩子学会欣赏他人

在班级中，有着许多优秀的同学，孩子也会感到羡慕，甚至是嫉妒，因为感觉别人的优秀暴露出自己的缺点。因此，父母既要鼓励孩子勇敢地表现自己，同时，也要教孩子学会欣赏他人的长处，肯定他人的优点。即便孩子与同学有了意见上的分歧，父母也要引导孩子认可每个人的个性是不一样的，自然想法也就是不一样的，学会认可别人的意见与想法，宽容对待所在班级集体的同学。

孩子不会表达自己的不满情绪

美国幽默作家比林认为，一生中的麻烦有一半是由于太快说"是"，太慢说"不"造成的。即便连成年人也会抱怨说，平生最怕的事情就是拒绝别人，更何况是孩子呢？他们往往出于面子和怕得罪人的心理，在别人提出一些要求或者请求帮助的时候，即便自己很忙，也勉为其难，那个"不"字难以说出口。

父母告诉孩子要热情善良、大度礼让、乐于助人，这样的教育是正确的。但是，问题在于，父母只重视了道德教育，却忽略了孩子的社会化教育。社会化教育的缺失让孩子在与人交往时显得心智不成熟。作为一个社会人，我们每一个人都不能脱离社会而独自生活。假如孩子不懂得果断做决定、不懂得巧妙拒绝别人的不合理的要求，表达自己的不满情绪，那么，孩子在整个社交活动中只会感觉到很累。

一位家长说道：

"我一直很担心孩子的社交问题，他一向很听话，从来没让大人着急过，但是，后来我发现了他做事优柔寡断、不懂得拒绝别人，常常搞得他自己很苦恼。前不久，儿子透露说，班里有一个女生给他写了一封信，我和他妈妈都很开明，就对他说：'这件事，你自己得与那个女生沟通，委婉拒绝她。'当时，他答应了，可过了几天，他妈妈再次问他的时候，他却说：'我不知道该怎么拒绝她，万一伤害了她怎么办？'我们建议他想好了再说，没想到，这事情一拖再拖，这不，那女孩子又写了第二封信了，他很苦恼。但是，我觉得完全是因为他优柔寡断、不懂拒绝的个性，将本来很简单的事情复杂化了。"

"平日里，我们都教育他要热情善良、大度礼让、乐于助人。但是，没想到他这样的个性在学校过得并不舒坦，他上初中一年多，由于同学的要求，他经常帮同学们借书、买饮料、跑腿、锁自行车、拿衣服……他自己舍不得花的零花钱给同学，同学没再提还钱的事情，儿子也不好意思要，只能在家生闷气。他每天回来都跟我说：'爸爸，我觉得好忙，好累。'"

心理学家认为，一个人遇事反反复复、犹豫不决，总拿不定主意的现象是意志薄弱的表现，它直接影响着一个人选择能力的形成，而选择能力的强弱又对人的成功与否起着至关重要的作用。在人生中，有的选择会直接影响自己或他人的一生的命运，而优柔寡断正是选择的大敌。

将来，孩子要独自面对纷繁复杂的社会局面，这时，身边没有父母的话可以听，而自己又拿不定主意，不懂得拒绝人，那可能是要吃亏的。因此，做父母的要尽量教会孩子有自己的主见，懂得巧妙拒绝他人，教会孩子学会对自己负责，锻炼他们"拍板"的能力。

小贴士

1. 不要将孩子禁锢在"听话"的藩篱之内

一直以来，父母的教育方式就是让孩子听话，听话的孩子就是好孩子，无论大事小事，需要孩子服从。对此，心理专家说："胆小怯弱的孩子所接受的家庭教育，要么是父母管教比较严苛，要么是父母两人的教育态度不一致，一方太强，一方太弱。父母在设置了一些禁令之后，只会让孩子服从、听话，而不告诉孩子为什么要这样去做，很少倾听孩子的意愿。在家里要求听话的孩子，难免将这种人际交往方式迁移到与他人的交往中，因此，他们总是处在一种人强我弱的位置，对于他人提出的不合理要求，他们也不懂得拒绝。因此，父母不总是要求孩子做这做那，而是倾听孩子的意愿："你打算做什么样的决定？"

2. 鼓励孩子当断则断

有的孩子遇事犹豫不决，一个重要的原因就是总怕自己考虑不周全。虽然，考虑周全是无可非议的，但追求万事完美，就会错失良机。父母应该让孩子懂得，凡事有七八分把握，就应该下决定了，这样可以锻炼孩子形成果断的性格。

3. 教会孩子以商量的方式拒绝

拒绝别人，有时需要和对方磨嘴皮子，一直到对方认可自己。比如，碰到比自己小的孩子想要玩比较危险的游戏，你可以教会孩子这样拒绝："你太小了，还玩不了这么大的车，太危险了，碰着你会流血的，等你长大了，我再教你玩，好吗？"

4.引导孩子安全地表达自己的不满情绪

在学校，许多同学在家里做惯了"小皇帝"，总是指使身边的同学做这做那，如果孩子不懂巧妙拒绝的话，那就可能要受欺负了。因此，对于那些不合理的要求，父母可以引导孩子安全地表达自己的不满情绪，如"刚才做了那么多作业，我已经很累了，不好意思"。

给予孩子交友权利

孩子成长的每个阶段都需要朋友，古人云："近朱者赤，近墨者黑。"许多父母都明白这个道理，他们担心孩子结交了不好的朋友，或者陷入早恋，于是，在孩子的交友过程中，父母或多或少都会进行干预或指导。对于父母来说，你们都是世界观和价值观已经成熟的过来人，但是，在面对孩子交友方面，却一味摆出强硬的姿态，干涉孩子交朋友的权利，如此，产生的效果只会适得其反。

对于父母限制自己交朋友的权利，孩子们有话要说。一位男孩说："我爸妈经常叫我跟学习好的同学玩，但跟我玩得好的成绩都很一般。我喜欢跟活泼开朗的同学交朋友，他们性格阳光，容易相处，也跟我一样喜欢运动，我们相处很开心。"另一位孩子也说："我爸妈管我很严，每天放学回家都要向他们汇报在学校的一切情况，我很烦他们问这问那，更烦的是他们每次都不忘教育我要跟成绩好、品德好的同学一起玩。我其实很叛逆，我反而跟那些成绩差的同学玩，我觉得他们很有趣，也够义气，所以，经常跟他们打成一片。我讨厌父母的干涉，越干涉我就越叛逆。"

心理学研究表明，青少年时期的思维、行动受到过多的限制，活动范围狭小，接触的事物单纯，不与同龄人交往，很容易使心理发生变异，形成孤僻、难以与人沟通和相处的性格。在生活中，有的父母对孩子管得太严，限制干涉太多：参加活动要限制时间、交往要限制对象、外出限制地域、娱乐限制范围，等等，但他们根本忽视了正在走向独立的孩子有怎么样的心理需求。

✱ 小贴士

1. 对孩子交友，应当引导，不应包办

父母替孩子把好"交友关"确实很重要，尤其是当孩子沉迷手机、网络聊天的时候，父母应适当劝阻。但是，父母不应该太自私和功利，仅仅凭着成绩的好坏来帮孩子挑选朋友。如果自己的孩子成绩好，更有责任去帮助那些成绩不好的孩子，

这是培养孩子的社会责任感。一味地让孩子远离同学，很容易养成孩子自私的心理。

2. 与孩子成为朋友

交友，首先，父母就应该做孩子的知心朋友，敞开心扉与孩子聊天。通过聊天，孩子才能把心里的疑惑和成长的烦恼告诉父母。而且，这样的聊天是平等，而不是居高临下的，你可以问孩子："你对朋友有什么要求啊，看我合不合格呢？"融洽与孩子的关系，自然会帮助孩子解决交友的问题。

3. 尊重孩子的隐私

许多父母认为："我生你养你，你是我的，我当然有权利知道你的一切，包括你所交的朋友。"实际上，这对孩子来说是一种伤害。父母应该尊重孩子的隐私，当然，这并不是放任，而是在接触孩子隐私时寻找出最佳的途径，比如，孩子打了电话后，你可以问："电话打那么久，是不是有人要你帮忙？"

第6章

逆反期，请父母冷静对待

孩子的第一次逆反期，是孩子从幼儿走向儿童的转折时期。心理断乳期的各种心理现象，反映了儿童心理上的进步。从心理上依赖父母，到逐渐出现独立意识，这是很大的变化。作为父母应该冷静对待，正确应对孩子这一时期的变化。

孩子的第一次心理断乳期

断乳也叫作断奶，对正在逐步成长的孩子而言，他们还需要另外一段断乳期，那就是心理断乳期。心理断乳期的真正意义是摆脱对父母的孩子式依恋，走上精神的成熟与独立。所以，在这一阶段，父母应该把对孩子的爱放在帮助他们完成从幼儿到儿童的转变上。

孩子在成长过程中，需要经历两次心理断乳期，第一次心理断乳是发生在2~3岁之间，也就是婴儿期向幼儿期的过渡；第二次心理断乳发生在13~14岁之间，也就是童年期向少年期的过渡。共同之处在于孩子具有强烈的反抗意识，他们会变得十分任性、固执，出现逆反心理，给父母的教育带来很大的困难。当孩子处于心理断乳期，父母应该冷静对待，积极引导，否则会让孩子形成影响其一生的坏脾气。

萌萌4岁了，她经常说的一句话就是"不要"。出门坐电梯要自己按楼层键，如果爸爸妈妈伸手去按楼层键，萌萌就会大哭："不要，不要，我自己来。"有一次，因为爷爷先按下了楼层键，萌萌硬是从1楼哭到20楼才作罢。

吃饭时，萌萌也自己夹菜，但是她常常筷子拿得不稳，菜也会扔得桌子上到处都是。这时妈妈便会说："宝宝，妈妈给你夹菜，好不好？”说完就夹了菜放在萌萌碗里，没想到萌萌马上不高兴了，她用筷子将碗里的菜夹出来，使劲地摔在桌子上。妈妈看到非常生气，训斥道："宝宝，你再这样，妈妈生气了哟。"

孩子到了2~3岁就会出现一些显著的特征，比如常常表现出探索行为，在探索过程中自尊心快速高涨，孩子非常希望想要表现自己，所以，这个时期孩子生活在自我意识的明显特征就是自主。这一段时期孩子什么都希望"自己做"，对父母的要求和帮助经常说"不要"来拒绝。但事实上，孩子的行为经常受到父母的限制，这总会引起孩子的强烈逆反情绪，经常以反抗和拒绝来表示自己与父母的矛盾冲突。在这个阶段孩子变得十分固执、任性，大部分父母只是认为是孩子个性有些奇怪，并没有进行过多的关注。其实，这并非孩子个性的表现，而是从婴儿期向幼儿期过渡的行为特征。假如父母不能以正确的态度认识这些行为，以科学的方法引导这些行为，对孩子施以正确的教育，就会导致孩子形成不良的个性特征，影响其健康成长。对此，父母要正确认识这个特定时期孩子的行为，为实施对孩子的正确教育找准方向。

小贴士

1. 正确认识孩子的心理断乳期

父母要认识到这一阶段是孩子身心发展的必然反应，只是每个孩子反应的时间和程度不一样而已。孩子在心理断乳期阶段身心达到了相对成熟的阶段，可以自由地与父母交流，能够做很多事情，有了初步的思维能力，于是有非常强烈的独立意识，希望自己在家庭中有一席之地，可以与父母平等。孩子羡慕成年人的生活，渴望独立，这使得他们拒绝父母的关心、帮助，很多时候孩子的行为超出了年龄的允许，是不顾一切后果的做法，不可能得到父母的认同，于是父母和孩子之间产生了冲突。

2. 父母做好心理上的准备

孩子处于心理断乳期，父母要保持平和的心态，首先在心理上做好准备，千万别责怪孩子和自己。由于孩子有了强烈的独立意识，渴望从心理上"断乳"，使孩子特别容易产生逆反心理。又由于父母对孩子行为的限制甚至惩罚，使孩子的好奇心、求知欲得不到满足，感到自己得不到父母的尊重，于是产生与父母的对立情结和反感心态，不论父母说的是对是错，孩子都采取拒绝的态度，并把与父母对抗作为心理安慰从中获得快感。

3. 孩子的自立是可贵的

父母需要认识到孩子的自立是十分可贵的，需要保护孩子的自尊心和自信心。同时引导孩子，学一些儿童心理学知识，详细分析孩子行为的原因，以平等的态度和孩子沟通，因势利导，不要限制孩子做这样做那样，鼓励孩子去做，让孩子感受父母的爱，而不是完全的对立，这样可以避免孩子逆反心理的出现。

4.引导孩子克服任性

孩子处于心理断乳期时，父母要积极引导，不能让孩子凭着性子做事，对出现的错误要及时纠正。很多时候孩子不容易接受父母的建议，一旦自己不合理的要求被父母拒绝，孩子就会使出浑身力气去反抗。这时父母不要觉得孩子大了脾气自然就会改正，必须对孩子的错误及时制止，对孩子完全迁就、溺爱，这样会让孩子形成不良的个性。

5.教育需要讲究策略和艺术

孩子在对抗父母过程中往往是紧张的，父母可以偶尔对孩子做一些非原则性的让步，让孩子感受到自己的价值。面对亲子间的矛盾，父母可以采用"不理睬"和"冷处理"的方法，比如孩子哭、闹、任性等不理会，让孩子冷静下来再进行教育和引导。或者根据孩子个性心理特征，适时用一些针对性的教育方法，因材施教，培养孩子良好的个性品质。

6.充分理解孩子

父母对孩子的了解不局限于表现，必须学习心理学的知识，了解心理断乳期。在孩子这一成长阶段，父母需要与孩子建立一种亲密的平等的朋友关系，相信孩子独立处理事情的能力。因为在这个时期中，孩子十分渴望父母的理解。

7.尊重孩子的个性

父母要多尊重孩子的自尊心，尽量支持他们，特别是当孩子遭受挫折、失败的时候，帮助孩子分析事情和自己的心理，共同找出一个可以被孩子接受的解决方法。对孩子不合理的行为，父母要加以制止，不过要采取孩子接受的方法，避免伤害孩子自尊心，导致他们封闭自己的心，不再和父母沟通交流。

8.给予孩子成长空间

孩子是一个独立的生命体，不可以被安排，让孩子成长、成熟，似乎让父母失去了拥有孩子的感觉，这对于父母来说是一个艰难的过程。但请父母给予孩子成长的空间和机会，孩子需要经历一些过程，才能够成长和壮大，从而变得更加坚强勇敢。

学会做不与孩子较劲的父母

逆反、总是与父母对着干、不愿意与父母交流……当进入逆反期的孩子出现这些问题时，不少父母会发出这样那样的感叹：之前那么听话懂事的孩子，怎么会随着年龄的增长而越来越难管教了？和孩子之间的沟通变得越来越难了。当孩子正处于逆反期的时候，如果父母硬碰硬，那必然是毫无用处，不妨学着做不与孩子较劲的父母，换个方法来看待，让孩子们快乐地成长。

当孩子处于逆反期，沟通是一个讲究策略和艺术的问题。父母与孩子沟通，许多细节方面会决定沟通效果，比如声调和身体语言。毕竟，说得对不对不重要，说得有效果才重要，而沟通的效果是由孩子决定的。如果父母每天都在重复没有效果的沟通模式，只会使亲子关系更坏。那么，父母在对孩子说每句话之前，不妨先问一问自己："这样说孩子是会接受，还是会拒绝？"毕竟，父母不能用太过直接的方法去改变孩子，因为他在每个时刻每件事情里都有拒绝沟通的权利。

豆豆4岁了，平时有着健康的作息时间，早睡早起，午休一个小时，每天精神状态也不错。对豆豆妈妈来说，豆豆混乱作息时间是不容犯的错。有一次，豆豆妈妈从奶奶那里得知孩子玩了一天没有午睡，她回到家问孩子："宝贝，你中午睡觉了吗？"豆豆很快回答："睡了。"豆豆妈妈按捺住爆发的脾气，耐心地问："你再想想到底有没有睡？"豆豆依然回答："睡了。"听到孩子撒谎，豆豆妈妈觉得孩子平时肯定承受了很大的压力，所以她强压怒火，轻声地问："宝宝，睡了就是睡了，没睡就是没睡，妈妈很爱你，就算你今天中午没有睡觉。"豆豆马上回答："没睡。"

经过这次教训之后，豆豆妈妈觉得当孩子开始逆反的时候，千万不要较劲，而是好好沟通。又有一次，妈妈精心准备了豆豆喜欢吃的蔬菜和水果，结果豆豆张口就是："我不吃，不吃。"哄来哄去，豆豆也不吃，妈妈只好作罢，这孩子总有不喜欢吃饭的时候。没想到过了两三天，豆豆的饮食又开始规律了。

孩子叛逆了，不管怎么跟孩子沟通都没有效果，这就是源于父母没有认真思考怎么与孩子沟通。很多父母深有感触地发出感叹：原来与孩子沟通还有那么深的学问，与孩子之间的交流始终存在这样或那样的误区。

　　当孩子处于逆反情绪状态，父母不必与孩子太较劲，放平心态，以温和的方式与孩子沟通，反而有意外的效果。

🔹 小贴士

1. 找出犯错的原因

　　当孩子在一件事情上犯错之后，父母需要告诉孩子这件事的对错，不要一上来就指责孩子。父母应该清楚，孩子身上一定会有父母的影子或父母教育的痕迹，孩子的错误当然也有父母的责任。毕竟孩子在很大程度上都喜欢模仿，所以父母要做好榜样，以身作则。

2. 先尊重孩子再沟通

　　处于心理断乳期的孩子有自己的想法，渴望被了解，更渴望被理解。当然，孩子内心会藏着自己的小秘密，父母不要期望他们会完全敞开大门。父母要想了解心理断乳期孩子的心理变化和问题，需要在尊重的基础上再沟通，尊重孩子的自尊心，既要保护孩子的小秘密又要告诉他们不要做不合时宜的事情。

3. 保持与孩子沟通的习惯

　　父母要保持与孩子沟通的习惯，每天不论多忙也要抽出时间和孩子说说话，且在聊天时保持亲切随和的态度，不要带着强烈的目的性，否则会引起孩子的反感。当然，父母在与孩子沟通时，不要唠叨，不要动不动就责怪孩子，需要耐心倾听孩子的苦恼，并积极引导，鼓励孩子独立处理问题。

4. 多观察孩子言行

父母平时要多观察孩子的言行，比如眼神、表情、动作，从这些可以很好地了解孩子内心的想法。同时需要向老师了解孩子在学校的表现，或多或少地反映出一定的信息，细心的父母通过观察就可以发现孩子的一些情况。

5. 多与孩子参加活动

父母要多陪孩子参加活动，比如一起散步、买东西，多倾听孩子的意见，看到有意思的事情和孩子一起分享。当亲子之间出现不同的意见时，可以以平等的态度一起讨论，尊重孩子的个性见解。

6. 从多种渠道了解孩子

父母可以多了解孩子的朋友，可以常常邀请孩子的朋友来家里玩，通过孩子朋友的言谈举止，了解孩子身心发展，一旦发现个别朋友的行为不良要及时提醒。同时多和孩子学校老师沟通，有的孩子在家里和学校表现是不同的，父母这样做可以比较全面地了解他。

7. 从孩子缺点中找优点

大多数父母可能忽略了，孩子的每一个缺点都包含着一个优点。比如孩子不喜欢学习，可能是孩子已经熟练掌握学习内容了，有了自我意识，也有可能是学习的环境不好等。当父母通过分析找出孩子的优点，就会知道以前自己只是一味地要孩子按照自己的意思去做，而忽略了孩子们对事物的认知和感受。

8. 和孩子成为亲密朋友

繁忙的父母不妨每天抽出一个小时和孩子一起相处，通过亲子相处时光，让父母认识到培养一个健康、快乐的孩子远比培养一个出类拔萃的孩子重要。对父母来说，养育孩子，平和的心态最重要，少一些焦虑，多一些轻松，学会做不较劲的父母。

孩子讨厌老师，应正面引导

孩子不喜欢老师，"仇恨"老师是导致孩子厌学的直接理由，但是，孩子为什么会那么讨厌老师呢？有的孩子没有得到老师的重视，在课堂上很少提问他，没有给孩子一定的工作任务；有的孩子对某科目的学习缺乏兴趣，成绩不好，即使老师没有批评他，他也不喜欢这个科目的老师；还有的孩子因为纪律问题或者个别错误受到老师的批评，使得孩子滋生出"仇视"老师的心理；有的孩子则是被老师冤枉过，但老师又没认真承认自己的失误，使得孩子耿耿于怀，心里委屈而产生怨恨情绪。

心理咨询室接听了这样一个电话："我姓王，我正在为女儿雯雯的事情揪心，她到一所重点小学上学之后，原来喜欢学习、成绩不错的她英语成绩越来越差，我已经连续好几次被老师请到学校去了。与孩子聊天中发现，雯雯的成绩下滑和她的英语老师有关系，雯雯说，一看到英语老师就烦，根本不想听英语课，也不想写英语作业。但是，经过我的观察，那位英语老师是一位特别负责任、相当优秀的老师。"

心理咨询师问道："你问过你雯雯吗？她为什么不喜欢英语老师？"王先生回答说："我问她为什么不喜欢英语老师，她很生气地说：'英语测验，我错了五个单词，英语老师罚我每个单词抄写十遍；还有，每天都布置一大堆作业，烦都烦死了。'你说，这该怎么办呢？我该怎么改变她对老师的看法呢？"

对这样的案例，心理咨询师模拟出了这样一个亲子对话：孩子生气地说："英语测验，我错了五个单词，英语老师罚我每个单词抄写十遍，太过分了，我不喜欢这样的老师。"父母关注地说："错了五个单词，老师罚你抄写十遍，如果是我，也会烦心的，我上学的时候，就和你有一样的感受。"孩子问："您上学时也是这样？"父母回答说："是啊，当时也认为老师在罚我们，不会的题目也要再写几遍，出错的卷面，要反复练习，许多学生对老师有意见，不喜欢老师，结果功课越来越差。"孩子好奇地问："那您对老师没意见？"父母回答说："和你现在一样啊，也不满意，但想到学习是自己的事情，如果我做得更好，老师就没机会罚我啦。于是，我更努力，才有机会考入大学。"

在生活中，有些孩子不喜欢某一位老师，就不愿意上这位老师的课，作业也勉强应付，结果师生关系恶化，孩子的成绩直线下降，对此，父母束手无策。所谓"亲其师，信其道"，如何才能使孩子与老师亲近起来呢？

小贴士

1. 不要批评指责孩子

如果孩子不喜欢某位老师，不要批评指责他。你需要及时与孩子沟通，耐心询问"为什么你不喜欢那位老师呢？"了解孩子不喜欢老师的真实原因。在倾听过程中，父母不要急于表达自己的态度，而是关注他的心理，重复孩子话语里的字眼"哦，原来是这样，如果是我，肯定也会感到烦心的"，给孩子一个发泄、倾诉的机会。

2. 对孩子进行尊师教育

了解了孩子不喜欢老师的真实原因之后，父母要对孩子进行尊师教育，告诉孩子："老师也是人，和我们一样，难免有缺点、错误，他也是不完美的。可能老师的观点有所欠缺，可能误解了你，这是可以理解的。如果仅仅因为老师的这些缺点而不尊重他们，这是不对的。不管怎么说，老师是长者，是值得你尊敬的。"

3. 主动与老师多沟通

另外，父母要主动多与孩子的老师沟通，向老师询问孩子在学校里的表现，取得老师的帮助和支持。同时，让老师多关心孩子，包括提问、鼓励、表扬，设法让老师多给孩子一些关心，比如改作业时详细一些，主动找孩子谈谈心等，这样，孩子很快就会改变对老师的看法。

4.妙用激将法

老师大多喜欢那些成绩优异的学生，而对那些个性比较强的孩子，父母可以妙用激将法："老师不是不喜欢你吗，你就学好他教的课气气他。"这样，孩子成绩好了，与老师的关系自然就会好了起来。

5.认真倾听孩子的心声

当父母发现孩子对老师有抵触情绪的时候，需要给他创造一个宽松、自由的发表意见的心理氛围。询问"你觉得老师为什么不喜欢你？"让孩子毫不隐瞒地讲出老师批评自己的原因以及自己的态度和接受批评的心情。父母应认真倾听，采取适宜的解决方法。

6.引导孩子换位思考

一旦发现孩子对老师产生抵触情绪之后，父母应引导孩子站在他人的角度考虑问题和处理问题，如"如果你是老师，有学生在课堂上开小差，你会怎么办？"创造情景让孩子亲身体会老师的难处，这样能有效改善师生关系，减轻或避免孩子对老师的抵触情绪。父母切忌在尚未明白事实真相之前就粗暴地批评孩子或对老师表示不满，这样不能使孩子得到教育，不能缓解师生之间的矛盾，反而只会增加孩子心中的抵触情绪。

孩子开始写日记，父母别惊慌

对父母而言，孩子一天天长大，生理一天天成熟，不过心理年龄却极不稳定。让父母非常担忧的是，孩子自以为已经是成年人，渴望人格独立，经常对父母的询问三缄其口，日记上锁，和同学打电话也避开父母，很少与父母谈心里话。父母总想知道孩子为什么跟过去不一样了，他们担心自己的孩子因缺乏辨别力和免疫力误入歧途。

当孩子不愿意开口的时候，父母了解孩子心理状态及交友情况的最佳办法就是看日记。

对孩子而言，自己已经长大了，有主见了，渴望独立自主，更希望得到别人的尊重和信任。他们喜欢独自思考问题，喜欢将秘密写入日记里。而且，孩子在这一时期已经明白未成年人不愿意公开的日记应属于个人隐私的范围。当孩子知道父母偷看自己的日记，便会认为父母侵犯了自己的隐私，最终的结果是造成双方关系紧张。

日记是孩子的隐私，父母确实不应该轻易翻看孩子的日记。不过，当孩子不愿意开口说出自己的真实想法时，有时会在日记中有所表达。假如这时父母可以了解到孩子的内心世界和真实想法，然后做出有针对性的指导，对孩子来说是很有益处的。然而，需要提醒的是，这是一个十分严肃的行为，父母在之前必须慎重思考，否则，就会给孩子带来不可弥补的伤害。

小贴士

1. 尊重孩子

父母需要尊重孩子，改变用强迫、指责等消极方式对待孩子，给他一个独立的精神空间。父母需要花时间、有耐性，做个有修养的听众，用心倾听孩子的心声，走进孩子的世界，积极发现孩子的优点，并进行发自内心的赞扬。假如确实需要对孩子进行批评，也要私下秘密进行。父母要花精力去了解孩子的需要，和孩子进行感情、生活体验等各方面的沟通，孩子心里有事肯定愿意告诉父母。

2. 有效增进与孩子之间的感情

孩子有较强的独立意识，作为父母可以利用吃饭等一家人围坐一起的时候，一起回忆孩子小时候的趣事，有助于建立孩子对父母的亲近感和信任感。周末与孩子一起逛街，在这个过程中父母需要淡化自己长辈的身份，尽可能让孩子带着自己玩，让孩子感到自己也可以对父母产生影响，从而缩短彼此之间的代沟，这样孩子才愿意对父母说出心里话。

3. 与孩子老师建立积极联系

父母需要加强与孩子学校联系，当发现孩子有什么异常行为时，可通过老师了解情况，并请他们帮忙做孩子的工作。孩子遇到困难，心理肯定会产生一些变化，而这些变化很容易就会表现在孩子的神情举止上。父母关心孩子，很容易就会察觉到他心情上的变化，从而与他进行沟通解决问题，这时无需通过翻看孩子日记来了解他了。

4. 避免翻看孩子的日记

假如孩子发现父母在偷看自己的日记，会降低甚至失去对父母的信任感，不利于他的健康成长。如果父母实在不小心看了孩子的日记，他问起来也要说实话，再道个歉，假如孩子想和父母交流就如实说出自己的想法。假如父母与孩子之间有一定的透明度，孩子有机会向父母展示自己，有机会请父母帮助自己，那才是教育的上策。

5. 不要强行控制孩子

父母要充分尊重孩子，不要强行控制他。侵犯孩子的隐私，只会造成他对人性的敏感，排挤周围人，情绪上容易受到波动。孩子不愿意被控制的心理，会让他不停地反抗，回避问题，从而与外界隔离，这样下去父母就没办法与孩子交流，从而失去孩子的信任。

6. 理解和支持孩子

父母要从心理上理解和支持孩子，心理上的关爱是父母给孩子最大的财富，适当地给孩子一定的空间，让他能自己解决问题，这也是锻炼孩子独立面对问题的一种方式。

孩子喜欢顶嘴，冷静对待

汉堡心理学安格利卡法斯博士认为："隔代人之间的争辩，对于下一代来说，是走上成人之路的重要一步。"允许逆反期孩子适当争辩，有助于孩子摆脱无方向状态，可以使他们知道自己的能力和界限在何处。同时，争执可以让孩子变得自信和独立，在对抗中他们感觉自己受到重视，知道怎样才能贯彻自己的意志。争执也表示孩子正在走自己的路，他们注意到，父母并非总是正确的。

心理学家认为，争执可以帮助逆反期孩子变得自信和独立。在与父母争辩过程中，孩子会感觉自己受到重视，知道应该怎样表达才能实现自己的意志。同时，争执也表明孩子自我意识的觉悟，正在试着走自己的路。争辩的胜利，无疑让孩子获得一种快感和成就感，既让孩子有了估量自己能力的机会，也锻炼了他的意志力。

由于受千百年传统观念的影响，父母总会觉得小孩子见识少、阅历浅、不成熟，又是自己生养的，于是形成了"大人说话小孩子听"的定论。许多父母不允许孩子与大人争辩，他们奉行"父母之命"的教义。孩子只能对父母的话"言听计从"，是决不允许与父母拌嘴、争辩的，否则就是"大逆不道"。实际上，随着孩子进入逆反期，他们的自我意识开始被唤醒，这时父母与孩子争辩是一件有意义的事情。所谓争辩是争论、辩论的意思，是各执己见，互相辩论说理，这样做有利于思想沟通，通过争辩达成共识来解决问题。

父母在教育孩子的时候，经常会遇到回嘴、反驳、顶撞等情况。面对孩子的争辩，父母明智的做法就是给他争辩的权利，认真听取他的争辩。这样父母可以从孩子的争辩中了解他发生某种行为的背景、条件以及心理动机等，从而进行针对性的教育。同时，让孩子争辩，为父母树立了一面镜子。父母通过听取孩子的争辩，可以检验自己的教育方法是否得当，说法是否在理。明智的父母常常不把自己的意志简单地强加在孩子身上，而是为孩子争辩创造一个宽松、平等的氛围。而在与孩子争辩过程中，父母应循循善诱，以理服人，不要简单地把孩子的争辩看作是对自己的不敬。

🔷 小贴士

1. 孩子争辩意味着其能力的发展

处于逆反期孩子争辩的时候，往往是他最得意、最来劲、最高兴、最认真的时候。这样做对孩子是很有益处的。允许孩子这样做，还可以营造家庭的民主气氛，提高他各方面的能力，对孩子未来的生活也是大有好处的。

2. 允许孩子争辩

父母应该树立一种观念，允许孩子争辩，这并不是什么丢面子的事情。那种认为一旦允许孩子争辩，他就会不听话，不尊重自己，与自己为难的想法是不正确的。孩子与父母争辩，对双方都是很有好处的。

3. 制定一定的规则

当然，孩子争辩是应该遵循规则的，也就是说，不允许他胡搅蛮缠、随心所欲，而是要在讲道理的基础上进行争辩。假如孩子滥用了争辩的权利，父母自然应该加以制止。当然，父母是规则的制定者，因此在制定规则时要从实际出发，合乎孩子的情况，合乎一般的道理，否则，这样的争辩就是不合理的。

4. 给孩子说话的权利

对于许多父母而言，给孩子说话的权利并不能轻易做到。父母在教育子女的时候，往往是只能我说你听，哪里容得孩子争辩？所以，给孩子争辩的权利，需要父母克服自以为是、唯我是从、只准说"是"、不准说"不"的单向说教思维定式，而要以尊重孩子、鼓励争辩、勇于认错、善于双方交流的思维方式。

5. 事后反思

假如孩子因叛逆思维而带来的毫无理由的争辩，父母事后可以反思，到底是自己没有尊重孩子的意愿，还是孩子确实是在胡搅蛮缠。假如是前者，那父母需要反思自己，是否真的尊重了孩子；假如是后者，那可以仔细观察孩子做出这样行为背后的真实心理，了解之后予以相应的教育。

第 7 章

逆反期，父母巧使妙计应对

　　对父母而言，教育逆反期的孩子重在方法，方法不对可能会产生适得其反的结果。父母应该多增加亲子之间的沟通，学会真正关心自己的孩子，不要总是反对孩子想做的事情，巧妙使计应对，帮助孩子度过逆反期。

孩子喜欢玩，鼓励他积极探索

有的父母带着孩子们出去玩的时候，喜欢警告孩子："不许到那个地方去！""不要跑远了。"如果看见孩子正在观察一只毛毛虫，就赶紧斥责："一只毛毛虫有什么好看的，一会儿它爬到你身上怎么办。"在父母的大声斥责下，孩子探索的兴趣也就被扼杀了。如果父母问一句："你在看什么呢，发现有什么好玩的吗？"这样也许孩子能够说出自己的想法，长此以往，孩子就会养成一种习惯，看到新鲜有趣的事物，他就会留心观察，有什么质疑的，他也自己去找答案，这样有利于培养孩子的探索能力。

这天，小豆子回家第一件事情就是问爸爸："爸爸，圆周率是什么？"爸爸没有直接回答他的问题，而是向小豆子提问："你觉得圆的周长和直径之间有什么关系呢？""我不知道，可是测试出来不就知道了吗。"小豆子想出了一个方法，他自己找来了一个杯子、一把直尺和一条绳子，然后开始用手边的绳子和尺子量杯子的周长和半径。这时妈妈回来了，看到小豆子拿着绳子，又拿着杯子，大声呵斥："你在干什么？又想把杯子摔碎？家里的杯子已经越来越少了，这孩子真是不听话……"妈妈一边说着，一边拿走了小豆子的杯子。

父母要鼓励孩子多探索，激发孩子探索的兴趣。许多孩子都有探索的能力，但常常被父母忽略掉了，或者父母没有给孩子提供探索的机会。因而，建议父母无论是在家里，还是带着孩子出去玩，都要不失时机地鼓励孩子去探索，你可以问问他："有什么新的发现吗？"这样，孩子就会动脑筋去思考，动手去开始自己的探索之旅了。

当父母主动告诉孩子，孩子很快就能学到知识，但他是被动接受的。其实，这时候，父母应该不把答案告诉孩子，鼓励孩子自己去探索，虽然自己探索的过程比较慢，但是同时孩子还可以学到认识事物的方法，体会到主动探索的乐趣。时间长了，孩子就养成了主动学习的好习惯。

小贴士

1. 不要告诉孩子答案

比如，父母买回了菠萝、螃蟹、玻璃瓶等，只需要告诉孩子事物的名称就可以了，其余的可以让孩子自己去探索，在探索过程中，孩子会发觉菠萝外面的刺具有伤害性，螃蟹跟菠萝是不一样的，能咬人，玻璃瓶容易打碎需要小心。

2. 让孩子体会探索带来的成就感

有的父母习惯给孩子买一些积木回来，孩子可以按照自己的想象堆出奇形怪状的东西，这时不妨把自主权交给孩子，随便孩子怎么玩。每当孩子让你欣赏自己的杰作，你就给予称赞"哇，又有新玩法了，真不错"，并且鼓励孩子积极探索"还有更好玩的玩法吗"，孩子又会在父母的鼓励之下开始新的尝试。你会发现在这个过程中，孩子的头脑越来越灵活了。

3.不要有太多的"不准"

有的父母带着孩子出去玩，出门之前就开始了"不准"命令：不要把衣服弄脏了，不要爬树，不要到处乱跑。当你不断地向孩子命令，实际上也扼杀了孩子的探索兴趣。面对外界的新鲜事物，父母应多鼓励孩子去探索，把自主权交给孩子，让孩子能够放开自己，勇于探索。

4.做好一个旁观者

当孩子在专心地做一件事情的时候，父母不要干扰孩子，有可能你的喋喋不休会让他断了思路。尽量不要催促他，也不要在旁边不断地提醒他不可以这样、不可以那样，这样会干扰孩子的行为，而且也让孩子感觉到不受尊重。如果孩子在探索过程中遇到了困难，父母不要急于帮助他，你可以先给孩子多一些建议，慢慢引导他战胜困难，获得成功。

孩子发脾气，理解他内心

父母总会对孩子说："别这样，你这孩子怎么这么不懂事。"实际上，父母这样的表达就否认了孩子的不良情绪。孩子会感觉到自己不应该有这样的情绪，而应该像机器一样，始终保持良好的情绪状态。如此不仅不会让孩子宣泄负面情绪，而且会助长孩子的压抑和自我否认。孩子会先认同父母的说法，压抑自己的情绪，时间长了连他都意识不到自己还有负面情绪，这样的教育方式往往会导致孩子发展出一些心理问题、心理障碍。

而有的父母在面对发脾气的孩子，则表示"没什么大不了，有爸爸妈妈在，什么都会帮你解决"。他们希望通过这种方式来宽慰孩子，想要帮孩子减轻思想负担，但结果却适得其反。这些父母教育方式的问题并不在于没有爱，而是爱的方式出了问题，父母过分地在思想上控制孩子，以爱的名义剥夺孩子自由思想的空间。

🔶 小贴士

1. 孩子负面情绪宜"疏"不宜"堵"

孩子年龄越小越容易由于理性需求未达到满足而引起惧怕，引发其负面情绪。一旦出现这样的情况，父母切记负面情绪宜"疏"不宜"堵"。哭闹是孩子发泄情绪的本能，假如发作前期不能控制住，不妨让孩子先宣泄一下情绪。父母要保持冷静的心态，等孩子情绪稳定点再用简单的语言解释，用轻松的口气告诉孩子不要着急，以此缓解孩子的不良情绪。

2. 了解孩子沉默的原因

孩子不善于用语言表达情绪，孩子开始沉默，就表示他的情绪有波动了，父母要用心观察，别让孩子被负面情绪所困扰。孩子的情绪表达中，有一种方式叫作沉默。父母不要因为工作忙忽略这个细节，及时给予孩子关注和引导，就可以让孩子远离负面情绪，重新平静、快乐地生活。

3. 允许孩子哭泣

假如孩子因为伤痛哭泣时，父母别责备他，不要对他说"做人要勇敢，不能哭"之类的话。孩子哭泣了，这表示他的情感正处于最脆弱、最需要安慰的时刻，这时父母要允许孩子哭泣。与成年人相比，孩子行为的目的性更强，他向人哭诉，是希望有人给予自己真正的帮助，急切地想寻求解决问题的方法，并不只是想获得心理上的安慰。父母应给予孩子及时的帮助，让孩子顺利地渡过难关。

4. 允许孩子发脾气

当孩子用大喊大叫等方式来发泄情绪时，父母别生气，更别在这时训斥、制止他，让他好好发泄一下，然后再与孩子谈心，会达到更好的效果。小男孩体内的睾丸素让他们在受到刺激时，比成年人更愤怒，更需要发泄。孩子用身体冲撞、大吼大叫等方式来发泄情绪，这时父母别担心，也别批评，让孩子痛快地发泄，之后帮助他找回内心的平静。

5. 理解孩子的负面情绪

父母一定要学会理解、接纳、保护、疏导孩子的负面情绪。因为孩子出现负面情绪是很正常的事情，他们感到惧怕才会知道注意安全；他们感到愧疚才知道有些事情是不对的；他们感到难过才会理解别人的悲伤。所以，父母不要总是否认孩子正常的情绪表达，也不要过分压制孩子的表达。

6. 保持积极的亲子沟通

父母在与孩子相处时，一定要学会耐心地倾听，引导孩子的负面情绪。那些能闹、能说、接纳自己天性的孩子才容易成为心理健康的孩子，所以，亲子之间的积极沟通可以让孩子有地方说心里话、有地方释放情绪压力，让家庭成为孩子有话可说、能说真话的空间。父母不要压抑孩子的真实想法，不否认孩子正常的情绪表现，这样培养出来的孩子心理才会更健康。

孩子喜欢浪费，引导他勤俭节约

糖果效应是由心理学家萨勒提出的，他做了这样一个实验：对一群都是四岁的孩子说："桌上放着两块糖，假如你可以坚持20分钟，不把糖吃掉，等我买完东西回来，这两块糖就给你。不过你如果不能等这么长时间，那就只能得一块，现在就可以得到一块！"这对于四岁的孩子而言，确实是艰难的选择。孩子们又想得到两块糖，又不想为此再等20分钟；如果想马上吃糖，那只能吃一块。实验结果得知，三分之二的孩子宁愿等20分钟得两块糖，不过他们难以控制自己的欲望，有的孩子则把眼睛闭起来，或双臂抱头；三分之一的孩子选择马上吃一块糖，几乎一秒钟就把糖塞进嘴里了。从这个实验中我们可以看出，孩子自制力的建设需要反复进行才能有所效果，对孩子喜欢奢侈浪费的控制，也要在平时完成。

随着社会的不断进步，人们的经济生活也日益发展，继而提高了消费意识。在其中，孩子成为了社会消费的主力军，他们的消费水平在不断地上涨，没有限制地攀比浪费现象层出不穷。现在，大多数孩子都是独生子女，被父母视为"掌上明珠""小皇帝"，父母的过分宠爱对孩子的身心发展会形成一种消极影响。尤其是助长了孩子浪费的不良习惯，使孩子勤俭节约的意识薄弱，许多孩子都存在着不爱护公物、铺张浪费等不良习惯，为此必须引起每一位家长的重视。

爱默生曾经说："节俭是你一生中食用不完的美丽宴席。"但在我们身边，有着太多这样的声音："这个玩具太旧了，扔了""我要买汽车、遥控飞机，我要买很多很多玩具""我觉得衣服太少了，我要买很多很多新衣服"。孩子虽然还很小，但花钱如流水的习惯已经养成了，其实，作为父母，应该明白即使生活富裕了也不能丢了"勤俭节约"这个传家宝。实际上，让孩子从小养成勤俭节约的习惯是很重要的，问题并不在于有没有钱给孩子花，而是要让孩子懂得钱来得不容易，应该用在刀刃上，而不是过度地挥霍，这样只会培养败家子。那么，如何培养孩子勤俭节约的习惯呢？

✿ 小贴士

1. 培养孩子勤俭节约的意识

父母可以通过讲一些故事教育和引导孩子从小就要勤俭

节约，不贪图享乐，不爱慕虚荣。在家里经济条件许可的情况下，吃得好一点穿好一点是可以的，生活和学习的环境舒适一点也是可以的，但不能让孩子忘记了勤俭节约。父母要教会孩子量入为出，给孩子讲勤俭持家的道理，使孩子懂得一粒米、一滴水都是辛勤劳动而来的。衣食住行也是父母花力气挣来的，培养孩子勤俭节约的意识，这也是塑造良好品德的开端。

2. 父母要做好榜样

要想孩子养成勤俭节约的习惯，父母自身就要勤俭节约，如果做父母的花钱也是大手大脚，那孩子爱浪费就不足为怪了。喜欢模仿是孩子的特点，孩子的许多行为都是从模仿开始的。父母是孩子的第一位老师，你的一言一行，一举一动都对孩子性格、品德的发展形成潜移默化的作用。父母在平时的生活中要勤俭节约，为孩子做好榜样，比如，随手关灯，不浪费自来水，爱惜粮食等，以自己良好的行为举止作为表率，去感染孩子，使孩子真正地养成勤俭节约的良好行为习惯。

3. 让孩子体验劳动

父母可以引导孩子进行一些力所能及的劳动，通过劳动来收获来之不易的果实。比如在农忙的时候，父母可以带着孩子一起去拾稻穗，使他们理解什么是"谁知盘中餐，粒粒皆辛苦"，继而培养孩子热情劳动、勤俭节约的习惯。另外，父母可以让孩子搜集家里的旧物品，卖掉的钱可以存起来，然后捐助给那些贫穷的孩子。那些使用过的东西可以重复使用，比如用易拉罐做一个花篮，这样既让孩子体验了劳动，也可以培养孩子勤俭节约的习惯。

4.引导孩子合理花钱

父母一般都会有给孩子零花钱的习惯，但这时候，给孩子零花钱要有计划，适当地限制数额，不要有求必应，应该依据孩子的大小、实际用途和支配能力来给予。另外，引导孩子学会记账，设计一本"零花钱记录本"将自己的零花钱的去处进行记录，父母还可以与孩子一起讨论，哪些钱是该花的，哪些钱是没有必要花的，让孩子们明白钱要花在刀刃上。

孩子做事磨蹭，培养他的行动力

大多数父母都会面临一个很烦恼的问题，那就是孩子做事拖拖拉拉，一件事要说很多遍，孩子才会去做，或者说好几遍还是无动于衷。孩子做事拖拉的原因是什么呢？

心理学家认为，现代孩子所受到的溺爱是非常严重的，不管孩子做什么事情，都有父母帮忙。尽管父母心疼孩子，总是希望能够给孩子最宽松的环境，让孩子没有压力地生活。但在父母全权操办的情况下，孩子会越来越依赖父母，在遇到任何事情的时候，第一时间想到的也是父母去做，假如非要自己解决的时候，他们就会采用拖拉的方式。

当然，有的孩子拖拉并不是故意的，而是对所要做的事情不熟悉，他们害怕，试图通过拖拉的方式来逃避，像写作业、穿衣服、使用筷子等，都容易让孩子产生抗拒。而且，孩子毕竟是孩子，不会像成年人一样有很强的时间观念。他们在乎的是可以多玩耍一天，由于模糊的时间观念，他们是不会明白"今天的事情必须完成，明天还有明天的事情"的道理。

林妈妈很是苦恼："我简直受不了我的女儿了！她是不是有什么毛病啊，干什么事情都是磨磨蹭蹭的，原本半小时就能写完的作业，她磨蹭两个小时都写不完，我在旁边看着，真是要抓狂了！"

林妈妈9岁的女儿每天放学回家后，并没有疯跑出去玩，而是乖乖坐在学习桌前，掏出作业本，摆出一副学习的架势。不过没写几个字，就跑去喝水，刚坐下，又叫着要吃东西，一会儿摆弄橡皮，忙活了半天，作业却没写完。

刚开始林妈妈还会耐心纠正，后来一着急，就开始打骂了。女儿依旧写作业拖拉，林妈妈无奈，带着孩子找心理医生咨询。

心理学家指出，孩子不容易控制自己的注意力，旁边电视开着，就边吃饭边看电视；做作业时听到外面有动静，就会跑出去看看；本来想去刷牙，结果看见小猫过来了，就会逗逗小猫。这些问题很容易造成孩子做事拖拉，因此父母要注意随时提醒孩子，把孩子从其他的事情中拉回来。

不过，也有的孩子天生性格安静，做事缓慢，不管遇到什么事情，就是紧张不起来，做事情慢条斯理。眼看时间都快结束了，孩子还是慢吞吞的，父母急死了，孩子却一点也不着急。

小贴士

尽管孩子做事拖拉的原因有很多，不过父母总是要想办法解决这个问题。

1. 规定任务，规定时间

父母可以准备一些简单的问题，规定时间，看在单位时间内孩子可以解决多少问题，敦促孩子提高效率。父母在训练孩子时要下意识地记在心里，然后在自己做事时争取尽快完成。比如可以让孩子先试着一分钟写汉字训练，和一分钟写数字训练，看孩子一分钟之内到底可写多少汉字、数字，记下来，进行对比，让孩子体会到时间的宝贵。

2. 给孩子自由支配的时间

许多父母喜欢在孩子做完作业，另外给孩子布置一些任务，为孩子安排得相当充分。这时孩子就会看出其中的端倪，就是孩子一有空，父母就会布置新的任务。所以孩子的对策是拖延完成任务的时间，在做事的时候边做边玩，也就是达到了玩的目的，又拖延了时间。那这时父母就应该给孩子可以自由支配的时间，事先估计一下孩子完成任务需要多久，其余的时间可以让孩子休息。

3. 完成任务即有奖赏

父母可以从日常生活中要求他，如给孩子安排一个任务，规定他在什么时间一定要完成，假如完成了给予什么奖励，相反给予处罚。父母给出任务的时候，要记录自己给他交代任务的时间是几点到几点，假如孩子完成了你就要遵守自己的诺言，反之没完成父母一样要遵守自己的诺言，这样才能树立自己的威信。

4. 以身作则

父母首先要以身作则，自己做事的时候避免有拖拉的坏习惯，否则你在教育孩子时自己都不能理直气壮，孩子又怎么会听你的教诲呢？父母需要在平时生活中做事有计划，有效率，否则你留给孩子的印象就是拖拉的父母。

5. 给孩子制订规划表

父母可以给孩子制订规划表，比如早上7点~7点10分起床洗漱，7点15分~7点30分吃早餐。将孩子一天应该做的事情都规定好，让他去完成，不完成给予处罚之类的，这样孩子就会自动自发地去做了。

孩子懒惰，督促他主动做事

许多父母总是抱怨孩子太"懒"了，做什么事情都需要自己提醒，否则他就坐在那里一动不动。其实，出现这样的情况，原因是多方面的：有的孩子是没有养成主动做事的习惯，孩子天性是比较敏感的，他们的注意力和兴趣容易很快转移，不能长久地保持，因而不能很好地去做一件事情，即便是做起事情来也是"有头无尾"，或者毛毛躁躁，他们在写作业的时候，总是一会儿去喝水，一会儿去洗手间，一会儿又在窗户边上看看；有的孩子是受到周围环境的影响，他们注意力不集中，总是被外界的东西所影响，比如玩具、动画片，他们就会停止手中的事情，把注意力转移到另外的事情上去。

除此之外，孩子之所以会"懒"，在很大程度上就是父母惯出来的。有时候，孩子的事情没有做好，父母发现了，为了省心省事，父母就大包大揽，让孩子失去了主动做事情的机会，继而使孩子产生一种依赖感，养成做事需要有人提醒的习惯。

这时候，如果父母不能正确对待，再加上孩子的模仿能力又强，使一些不良行为在孩子身上得以滋生。所以，当父母发现孩子做事缺乏主动性，就应该进行正面教育，加以鼓励，并进行引导，这样就能帮助孩子克服做事毛躁的不良习惯，使孩子养成主动做事的习惯。

小贴士

1. 言传身教

父母是孩子的第一任老师，因而，父母教育孩子的最好方式就是言传身教。父母除了鼓励孩子去主动做事情，还需要以实际行动来告诉孩子主动去做事情是一种好习惯，也会从中获得许多有益的东西。比如，当孩子做完了一件事情，父母应给予赞赏，并把孩子的成果展示给他自己看，让他获得一种成就感。当父母做好了榜样，给孩子树立起了良好的形象，孩子就会受到积极的影响，继而学会主动去做事情。

2. 培养孩子主动做事的习惯

在日常生活中，大多数孩子做事都是毛手毛脚，虎头蛇尾，这时候父母应该制止孩子这种不良行为习惯的蔓延，进行正面引导，同时也要给予孩子一定的鼓励。当孩子在做一件事情的时候，父母帮助指出明确的目的，对孩子做事的方法给予指导。从日常生活中的一件件小事做起，慢慢地培养孩子主动做事的习惯。

3. 促进孩子主动做事的积极性

有时候，孩子做得不是很好，父母就是一顿指责"做不好就别做了"，这样会打击孩子主动做事的积极性，在下一次，他不会主动去做事了。父母应该鼓励孩子去做，即便孩子做的事情不是那么令人满意，父母也应该先肯定孩子的成绩，这样可以有效地促进孩子主动做事的积极性。

4. 适当地激发孩子

孩子缺乏做事的主动性，父母的态度是很重要的。当孩子有了偷懒的念头，父母应该站在孩子的角度，用鼓励性的语言来激发孩子，向孩子提出一些要求。这样，孩子就会在父母的鼓励下主动去做一些事情，他也会认为主动做事并没有想象中那么困难。

第 8 章

逆反期，父母积极引导学习

孩子在进入逆反期之后出现了厌学等一些情况，父母也不要太过于紧张，平时多和孩子沟通，了解孩子厌学的原因。在这一时期，父母要清楚不能使用简单粗暴的教育方式，这样会增强孩子的逆反心理。

与孩子制订完整的学习计划

周末，妈妈和爸爸带着女儿回了外公家，还没有走进家门，女儿就向外公怀里扑去了。外公用胡须扎了扎小孙女的脸，笑着说："咱们外孙女长大了，现在是小学生了，再也不是那个哭啼啼的小娃娃了。"小孙女摸着外公的胡须，外公抱着她："小学四年级第一学期吧？"小孙女点点头，外公继续说道："这可很重要，开门第一炮，打算期末考试考多少分呢？全部考一百分外公可有奖励呢。"小孙女好奇地看着外公："什么奖励？"外公放下她："你想要什么，外公就给你买什么，好不好？""好，这可是你说的啊，不许反悔哦。"女儿向妈妈跑去，一边喊着："妈妈，妈妈，我要考一百分，我要考一百分。"妈妈搂着女儿，笑着点点头。

对女儿来说，考100分就算是一个目标，然而，想要达到这个目标则需要一份完整的学习计划。制订有效的学习计划，有助于女儿养成良好的学习习惯。按照科学的学习计划行事，可以让自己的学习生活节奏分明，一旦形成了就会有相应的条件反射。在学习时就能安心学习，在活动时就会自觉去参加活动，这些都成为了自觉性的行动，时间长了，就会养成良好的学习习惯。而且，学习计划是科学性的，当女儿知道自己如果再多玩一个小时，多聊一个小时，那就会让自己计划里的某项任务完不成，那这项任务会给自己整个学习带来影响，那她就会克制自己想玩的欲望。

几乎每一位家长都关心孩子的学习，希望他能全方面地学习，但有的父母却不得要领，事必躬亲，但却见不了成效。实际上，父母作为孩子的领航者，应该帮助其制订可行的学习目标和学习计划，以兴趣作为孩子最好的老师，让他在愉快中学习。

面对孩子的学习问题，有的父母觉得他还小，没有必要拟订什么学习计划，任他们自由发展就行了。即便有的孩子在父母帮助下制订了学习计划，但却往往不能成功地施行。主要原因在于他们的学习计划不合理，不是太空泛，就是太具体，没有可操作性。

✧ 小贴士

那么，父母如何引导孩子制订学习计划呢？

1. 引导孩子制订学习计划

许多父母抱怨孩子太累，要看要学的东西太多了，每次面对课本都无从下手，其实造成这个现象的最大原因就是孩子学习没有计划性。制订一个学习计划可以快速提升他的学习效率，让孩子在有限的时间里最大限度地完善自己的不足之处。比如，制订日计划和周计划，将计划与课本内容相结合，每天哪个时间段看什么课本，在多长的时间内应该看完这本书，多久的时间来进行复习，看到什么样的程度之后需要通过做题来检验。

2. 引导孩子合理安排哪个时间段该做什么事情

举个例子，某同学每天学两个小时的数学，这对他而言是合适的学习时间。但在一次考试中，数学成绩开始出现下滑的现象，那么他会从现在开始每天用三个小时来学习数学吗？当然不是，因为他不可能长时间保持每天三个小时学数学不感到厌倦，一旦自己对学习感到厌烦了，学习成绩就会下降。父母应该明白这个道理，告诉孩子坚持计划，就是保持过去适合自己的学习时间不动摇，一次的考试成绩并不能否定你之前制订的有效学习计划，只有每天按照自己制订的计划坚持下去，才会达成自己的目的。

3. 让孩子将短期和长期计划相结合

当孩子在开始任何学习之前，父母都需要为她制订一个周密的学习计划，短时间的，如三个小时自习时间，然后分成若干个时间段，每段时间做哪个科目，如此计划好；长时间的，如看课外读本计划，半个月的时间看完一本书，每天看几页，一天中的哪个时间段适合看书，这些都需要写在学习计划里。

4. 指导孩子早晚预习和检查自己的学习计划

父母可以引导孩子每天早上醒来后，躺在床上闭着眼睛，想想这一天有哪些事情要做，哪些章节要看，哪些习题要写。把这一天的时间都计划好，然后按照自己的计划去严格执行。晚上睡前检查一下，今天的计划是不是都完成了，完成的结果是不是让自己都很满意，就这样，每一天、每一周、每一个月，早晚都要预习和检查自己的学习计划，才能切实地提高孩子的学习效率。

5.让孩子做时间的"小主人"

同样是一天，不同的人会有不同的效率。比如，有的孩子善于科学地安排自己的学习时间，学习和生活井井有条，所显示的效果也很好；有的孩子却相反，整天瞎忙一顿，学习和生活毫无规律可言。对此，父母要指导孩子清楚自己一周之内需要做的事情，然后制订一张日作息时间表，在表上填一下非花不可的时间，比如吃饭、睡觉、上课、娱乐等等。然后选定合适且固定的时间用来学习，留出足够多的时间来完成老师布置的阅读和作业。

当然，当父母引导孩子制订好一份学习计划之后，还需要及时调整。当计划执行到某一个阶段的时候，需要检查孩子的学习效果，并对原计划中的不合适的地方进行调整。而且，计划制订之后需要坚决执行，否则前面所做的就是无用功。对于那些喜欢拖拉的孩子而言，坚定执行计划是极具挑战性的。

引导孩子做好课前预习

其实，有时并不是老师没讲清楚，而是孩子疏于课前的预习。在课堂中，老师讲授的新知识，都是在学生现有的知识水平的基础之上进行的，由于课堂的时间有限，老师也不会提供太多的时间让学生去思考。在这种情况下，如果学生对老师所讲述的知识一无所知，势必就难以理解老师所传授的知识，即便能够理解一些，对于学生来说也很有难度。这样一来，孩子就处处被动，所接受的知识也很有限，自然也就会降低课堂效率。

很多父母都有一样的担忧，即使老师已经放慢了教学的速度，孩子们还是普遍反映自己理解很困难。其实，这时候孩子刚开始接触系统知识的学习，本来就比较有难度，而教材的改革也给他们的学习带来不少的挑战。因此，在这一情况下，父母要帮助孩子做好预习工作，并让孩子养成预习的良好习惯，这对于他以后的学习生涯都是十分有益的。

这些天爸爸出差去了，妈妈担负起了辅导女儿艳艳功课的任务。可是，让妈妈感到困惑的是每次辅导艳艳的作业，艳艳对那些白天所学过的知识完全陌生。妈妈向女儿问道："上课的时候有没有认真听老师的？""有，可是我听不懂。"女儿一本正经地回答，妈妈又问道："听不懂为什么不问老师呢？""老师下课了就走了。"女儿显得很无辜。妈妈不得不临时当起了老师，把知识重新讲解了一遍，这时候艳艳才明白了，妈妈辅导女儿完成作业，直到快10点了才弄完。最后，妈妈叮嘱艳艳，明天上课可要认真点，可不料第二天回来艳艳对那些讲过的知识还是一知半解，妈妈有点生气了，难道老师没有讲清楚吗？

孩子在学校学习的时间是有限的，课前把那些原本不会的学会了，掌握了新知识，对新知识积极思考，时间久了就会养成良好的学习习惯，提高了孩子的自学能力，在以后的学习生涯中，孩子就会觉得越学越会学，越学越轻松，学习成为了一种能力，自然也就不用父母操心了。

小贴士

1. 帮助孩子养成预习的良好习惯

父母要帮助孩子养成预习的好习惯，刚开始的时候，父母需要有点耐心，告诉他怎么预习，什么时间预习，预习哪些内容，还可以适当地提出几个问题，让他带着问题去预习。长时间的指导之下，孩子就会把预习当作学习的一部分，养成预习的良好习惯，这时候，他就会觉得听老师讲课没有那么难了，也体会到了轻松学习的乐趣。

2. 教给孩子预习的方法

父母还应该掌握预习的方法，通过这些方法慢慢引导孩子，让他能够独立地完成预习工作。预习并不是把老师即将要讲的知识粗略地浏览一遍，这其实只是预习的一个步骤，那要怎样预习才能提高学习效率呢？预习主要是让他知道哪些知识是看得懂，哪些知识是不能理解，哪些地方感到困难，哪些地方觉得有问题，这样才能有效地做到预习工作。

（1）浏览。引导孩子首先浏览一遍新知识，阅读文本教材，阅读下面的注释，浏览课后的练习。也就是在正式学习之前浏览教材，了解教材的结构和知识的内在联系，预习每一个知识点。

（2）查阅工具书。面对那些不理解的知识，要让孩子学会查阅工具书，扫清阅读障碍。因为在新知识里，必定或多或少有些他不理解的知识点，这时候就需要他在预习的时间用笔勾画出来，并通过查阅相关工具书进行注释。

（3）思考。预习并不只是用眼睛看一遍，父母可以在预习的开始给孩子提出几个问题，让他带着问题预习，带着问题思考。对于一些简单的问题，父母可以讲解给孩子，若是一些困难的地方，父母可以告诉他明天老师讲解的时候需要认真听，找到相关的答案。

刚开始的时候，父母带着孩子一起预习，把这样的方法教给他。后面，父母就以辅导者的身份指导孩子，久而久之，他就能独立完成预习工作了。

找到孩子弱势学科的原因

父母在关注孩子学习情况的时候，无意中会发现一个有趣的现象：他们做有些科目的作业速度很快，轻松自如；而在做另外一些科目的作业，却总是磨磨蹭蹭，拖拉半天连本子都没打开。每每到了这个时候，父母就忍不住生气了："怎么总是这样拖拖拉拉？"意识到孩子这门功课不太好，就想方设法地给孩子找老师辅导，但是，现实情况依然是"老黄牛拉破车"，没多大进步，难道是孩子太笨了吗？

其实，造成这种情况的原因并不是因为孩子太笨了，而是孩子偏科的症状。有数据显示，大约有21％的小学生有偏科现象，到了高中，偏科学生的人群更是上升到了80％。对此，教育专家提醒，孩子的偏科应发现越早越好，只要父母正确引导，找到孩子弱势科目的原因，就可以避免把早期的学科弱势发展成偏科。

罗妈妈眉头紧皱，她讲了自己担忧的一件事："我女儿早在八九岁的时候，就对乡下田地里出现的碎瓷片很感兴趣，经常捡一些回家收藏，之后还买了许多陶瓷的书籍阅读，我们都觉得她对这方面很有天赋。

"进入初中之后，她对青铜器和古文字的研究更是到了痴迷的程度，常常一个人关在房间里看考古方面的书籍。可是，面对她这样的情况，我们却很担忧，她的语文成绩很突出，但英语和数学却相对表现出弱势，拖了后腿。我真的很着急，她由于受到数学成绩的限制，想考更好的大学很危险。我们一家人都为此担忧，希望孩子能把数学和英语成绩补起来，但孩子很坦然'我就喜欢考古，不喜欢数学和英语'。我真不知道该怎么办呢。现在模拟测试成绩出来了，由于数学和英语的牵绊，孩子的分数离重点大学还有很大一段的距离，恐怕是她空有一技之长，也是深造无门啊。"

华东师范大学资深心理咨询师陈默这样说道："要纠正偏科，首先要搞清楚引起孩子偏科的原因，然后对症下药，才能取得好的效果，有些先天弱势可以通过家长的正确引导来纠正，否则只会在偏科的路上越走越远。"

父母应该明白，造成孩子偏科的原因是多方面的：首先是他的心理因素，由于父母过多表扬和无意识的暗示，使他产生了认识偏差，认为自己只要某科学得好，别的都不重要；其次，在青春期，由于个体差异，有的孩子在逻辑和抽象思维方面没有形象思维发展快，会出现偏科现象；再次，孩子在学习过程中没能把每科知识点细化，一旦学习有难度，他就会逐渐失去对该学科的兴趣；最后，孩子不能跟随老师学习，不能理解老师所讲述的知识点，不能完成作业，这些都有可能造成偏科。

小贴士

1. 不要给孩子偏科的心理暗示

许多父母在发现孩子偏科现象的时候，会忍不住说"啊，英语确实太难了""我以前读书时也是作文总也写不好"，如此，就会给他偏科的心理暗示。可能有的父母只是想给孩子一点鼓励，告诉他自己曾经也遇到过这样的困难。但是，对于学习阶段的孩子来说，这样的话很可能给他带来的是偏科的心理认同教育，暗示孩子"偏科真是没办法纠正"，将加重他的偏科程度。

2. 对待孩子偏科现象，摆正态度

作为父母，对孩子偏科的态度是什么？其中，有20.93%的父母选择了"完全不能接受，孩子必须全面发展"，58.14%的父母选择"一定程度上可以接受，甚至一定条件下鼓励偏科"，剩下的父母则选择了"让孩子自由发展"。心理学家认为，父母持有什么样的观念，决定着父母在纠正孩子偏科中的角色。

3. 培养孩子对弱势学科的兴趣

"兴趣是最好的老师"，有的孩子偏科就是对该学科缺乏兴趣。对此，父母应想办法培养孩子对弱势学科的兴趣，多给他讲这个科目在现实生活中应用的事例，让他从心理上自觉消除厌恶感和抵触感。

4. 联合孩子偏科老师共同鼓励

另外，你可以找孩子偏弱学科的老师细心谈一次，让老师鼓励他学好这门功课。告诉孩子"老师跟我说，其实你学英语挺有天赋的，因为你的记忆力很好"，如果老师能细致地关心他，那么，一定会收到"春雨润物细无声"的效果。

难道女孩天生不擅长理科

"难道我引导女儿学文科真的有错吗？"这位母亲的疑问

也反映了大多数父母的困惑，在人们传统的思维中，似乎女性更多地应选择教师、文秘、新闻、艺术等职业，而学理科不是很适合女性，尤其是跟体力有关的工科。在中学校园里，理科班大多是男生，只有寥寥几个女生做点缀，女生大部分被定义为"文科生"。之所以说女生"被"定义为文科生，是因为长期以来，社会和人们对于女孩子应学文而排理的现象。

一位女生这样说："班主任说上了高中后最大的难关就是数理化，理科一直是我的弱项，这下子我更恐惧了，听说女生上高中后理科学得不如男生，导致总体成绩下降，真的是这样吗？"这位女生的忧虑反映了大多数青春期女孩子的心理，而在这样的情况下，父母对于孩子的引导也起了误导的作用，许多父母不忍心孩子吃苦，总觉得"女孩子学文科就差不多了，没必要去读理科"，父母的这一观念让女孩子更害怕理科，偏科现象更严重。

在传统观念里，女生擅长学文科，而理科则是男生的天下。但是，教育专家却认为："女生更有学理科的优势，相对于男生，女生贵在能够沉下心来，记忆力好，虽然反应可能不及男生快，但只要将勤补拙，学习理科不会比男生差，尤其在准备率方面，女生会高过男生。"

一位物理老师在教学两年中，总结出这样一段话："工作两年多了，我发现班里的女生物理成绩明显不如男生，是什么原因呢？并不是女生变笨了，而是存在部分的性别差异和心理差异。从生理上看，男女生在智力相同的条件下也有不同的智力特点，男生的逻辑思维、抽象思维占优势，而女生擅长于形象思维。而物理等理科需要靠的恰恰是逻辑思维，因此，女生在学习理科会存在一定的困难；从心理上来说，女生敏感多愁，情绪稳定性差，她们存在一定的自卑心理，曾有一位成绩优异的女生告诉我'老师，我很自卑，我觉得什么都不如人家'，在这样的心理特点上，她们觉得理科更加困难，偏科的现象更严重。"

小贴士

1. 摆正心态，引导女孩纠正偏科现象

女孩子偏文科现象严重，除了其本身的生理、心理特点以外，还在了父母引导的错误观点。许多父母认为"女孩子嘛，就适合做老师、文员之内的，没有必要太辛苦"。对此，父母要摆正心态，引导女孩培养对理科的兴趣，比如"理科学习好了，可以帮助你掌握一门真正的本领，在生活中是很实用的"。

2. 让女孩学会动手

男孩子为什么逻辑思维、抽象思维那么好，因为男孩子比较调皮，喜欢动手拆东西，组合新的东西。在许多化学、物理的实验课上，许多女生都是站在一边看男生做实验，自己则只抄一个数据，这样对学习是很不利的。对此，父母要鼓励女孩，不要怕弄坏仪器，要敢于动手操作，告诉她："理科是一门以实验为主的学科，许多知识需要在实践中体会。"

孩子为什么讨厌学习

在现实生活中，许多孩子一提到上学就感觉浑身难受，出现肚子疼、出汗、失眠等症状，到医院做检查却发现孩子身体没问题。这时候，作为父母就应该引起注意了：孩子有可能得了厌学症。厌学症是目前青少年诸多学习心理障碍中最普遍的问题，是青少年最为常见的心理疾病之一。

从心理学角度来看，厌学症是指孩子消极对待学习活动的行为反应模式，主要表现为学生对学习认知存在偏差，情感上消极对待学习，行为上主动远离学习。那些患有厌学症的孩子往往对学习失去兴趣，他们没有明确的学习目的，恨老师、恨学校，严重者甚至一提到上学就恶心、头昏、歇斯底里。

引发孩子厌学症的原因很多，大致可以分为主观原因和外在原因。主观原因：许多孩子自身比较懒惰，怕苦怕累，总觉得学习是一件很苦很累且很乏味的事情，一看到书本就头痛，总想找机会逃避学习；或者，有的孩子在学习上付出了很大的努力，但每次考试都不理想，他们就觉得自己不是学习的料，开始厌倦学习。客观原因：校外娱乐场所，例如电子游戏室、网吧等带来的影响；有的则是父母强制孩子学习，影响到孩子对待学习的态度；学业太繁重，孩子每天都沉浸在学习中，没有时间放松，使得他们对学习产生逆反心理和厌倦心理。

小贴士

1. 降低对孩子的期望

父母总说考试要考第一，但是，"第一"只有一个，不是每个孩子都可以做到的。因此，作为父母应该正确认识这样的结果。在与孩子交流的过程中，了解他的学习困难，帮助他制订切实可行的学习计划。在学习之外，要多与孩子沟通，孩子考试失败了，对他说："你是最棒的！""你已经尽力了！"帮助孩子重新树立信心。

2. 让孩子体验到学习的乐趣

趋乐避苦，这是人之常情。如果孩子在学习上总是摔倒，他们体验不到成功的乐趣，自然不愿意努力学习。那么，父母可以制造机会，比如，孩子英语比较差，你可以让他先做几道简单的习题，让他轻松完成之后，体验到学习的乐趣，再逐步增加习题的难度。

3. 引导孩子积极的自我暗示

那些经常给予自己积极的心理暗示的孩子，他们往往能避免学习的失败。对此，父母要引导孩子学会积极的自我暗示，经常对自己说一些激励的话。比如，每天早上起来，对着镜子说"我是最棒的""今天又是美好的一天"。

逆反期是自我意识形成阶段，父母在与孩子沟通时需要努力做到尊重孩子、平等和孩子交流沟通、懂得倾听孩子的心声。当孩子表达自己意见时别轻易否定，哪怕意见不一致，也别强迫孩子接受自己的观点，保护好孩子的自尊心和自信心。

多夸夸孩子的优点

关于怎样教育好孩子，对每一位家长来说都是很棘手的问题，尤其是面对逐渐变得叛逆的孩子，许多父母真是没辙了。打也打了，骂也骂了，可就是不见效果，孩子总是不听话。其实，随着年龄的增加，孩子愈来愈叛逆，凡事都喜欢和父母唱反调，而且你越是打骂他就越嚣张。有父母抱怨"我已经管不了他了"，难道问题真的那么严重吗？

小雯13岁了，妈妈逢人就说："这孩子，一点也不懂事，不听话，一天不好好学习，就跟她那些所谓的好朋友混在一起，都不晓得她每天在干什么……"这时，小雯总是阴着脸，不说一句话。不过，她依然是我行我素，从来不听妈妈的话。

遇到亲戚给小雯买衣服之类的，妈妈也会说一句："别给她买这些，她又不听话，没资格享受这些。"小雯很委屈地说："那我有资格享受什么呢？享受你一天说我的不好吗？既然我这么不好，你为什么还要养我呢？"几句话问得妈妈哑口无言，妈妈也不知道，这孩子究竟是怎么了。

父母要想教育好孩子，就要在孩子面前多夸夸他的优点。俗话说："好孩子是夸出来的。"这也是无数父母从亲身实践中总结出来的经验。"叛逆"，是青春期孩子的特征，父母需要循循善诱，切不可正面冲突。如果你还是沿用"棍棒"教育，让孩子屈服于你的威严之下，那么，这样只会让孩子更加反感，不仅会影响亲子关系，对孩子的一生也是不良的影响。父母应该以另外一个角度来看待自己的孩子，多看到孩子的闪光点，进行正面引导，这样孩子就会在夸奖赞扬中逐渐改变那些不良的习惯，而且还能够树立起自信心上进心，形成良好的行为习惯。

小贴士

1. 对孩子以赏识教育为主

在当今时代，随着社会的进步，人们观念的改变，许多父母都认识到了"棍棒"教育带来的弊端，并逐渐以赏识教育为主。的确，赏识教育作为新兴的一种教育方式，它主要是赏识孩子的行为结果，以强化孩子的行为；也是赏识孩子的行为过程，以激发孩子的兴趣和动机。

赏识教育是一种尊重生命规律的教育，逐渐调整了无数父母家庭教育中的"功利心态"，使家庭教育趋向于人性化、人文化的素质教育。所以，父母在家庭教育中，应该摒弃落后的"棍棒"教育，主要以赏识教育为主，这样才有利于培养孩子良好的行为习惯。

2. 多发现孩子身上的闪光点

一个孩子可能会很叛逆，也可能学习成绩很差，但这时候，父母不要只看到孩子的缺点，忽视了他的闪光点。每个孩子身上都有闪光点，只要父母做个有心人，一定能在生活的点点滴滴中发现的。可能他比较叛逆，但乐于助人；他语言能力也可以，还可以自己编故事；他的绘画也很不错，所画的作品还在班上展出过呢。这样一想，你就发现夸奖孩子其实并不难。

只要孩子有一点点进步，做父母的都不要忽视，要给予真诚的表扬。"你今天一回家就开始写作业了，这个习惯真好，我相信你会天天这样做，是吗""今天你跟爷爷说话时用了'您'，语气也比以前更有礼貌了，很不错"，长久以往，你会发现孩子在一次次的夸奖中变得越来越有自信了，学习的兴趣也一天比一天浓厚，行为习惯也一天比一天好。

3. 对孩子说话要注意语气

随着年龄的增长，孩子的自我意识越来越强，他也有自己的自尊心，也有自己的面子。但许多父母还是认为孩子什么都不懂，想对孩子说什么从来不考虑自己的语气。这时候，孩子是比较敏感的，父母稍微有种不耐烦的口气，孩子也能感觉到，他会觉得自尊心受伤；如果父母当着许多人的面数落孩子的缺点，这更会让孩子觉得无地自容。所以，在任何时候父母都要注意自己对孩子说话的语气，以夸奖激励为主，切忌语气太重，另外，在外人面前也千万不要数落孩子的缺点，这会让他感到自卑。

4. 对孩子的成绩予以大方的夸奖

有时候，孩子取得了不错的成绩，父母心里虽然也很高兴，但总是给孩子浇一盆冷水"这次成绩还行，可你同桌还比你考得好呢"，这样一个转折一下子就把孩子的自信心浇灭了。对于孩子来说，他们的心理还很简单，他只希望得到父母的夸奖，如果父母有一点点微词，他就觉得没有了自信心，进而产生自卑的心理。所以，当孩子取得了成绩，父母千万不要浇冷水，要给予大方的夸奖，增强孩子的上进心。

5. 对孩子的夸赞也需要适度

当然，"好孩子是夸出来的"并不是完全绝对的正确，教育孩子一味地靠夸奖也是远远不够的。而且，有的父母更是坚持"孩子都是自家乖"一味娇宠，这样对孩子的成长也是极为不利的。无论是夸奖还是批评都应该是适当的，父母不能把孩子捧得老高老高，这样一不小心摔下来了，孩子和父母都是承受不起的。好孩子是夸出来的，父母更要拿捏好"夸"的度，这样才能培养孩子良好的行为习惯。

读懂孩子的烦恼与快乐

常常听到孩子这样抱怨："父母根本不理解我的需要，他们想说的就说个没完，而我想说的他们却心不在焉。"孩子有着这样的烦恼是普遍存在的，其实，孩子内心里有着许多想法，他们也有欢乐、有苦恼，如果父母没能主动走进孩子的内心世界，孩子有了意见没有得到及时的交流，那么父母与孩子之间的鸿沟就会越来越大。

父母埋怨"孩子不理解自己的一片苦心"，孩子也抱怨"父母根本不了解自己"。孩子在这一阶段已经逐渐有了自己的内心小世界，由于惧怕、害羞等多种原因，他们会封闭自己的内心世界，不会轻易向父母吐露自己的内心想法。这时候，就需要父母主动走入孩子的内心世界，倾听孩子所思所想，读懂孩子的烦恼与快乐，真正成为孩子的知心朋友。

一天，女儿放学回家后若无其事地告诉妈妈："今天上午上数学课的时候，我居然睡着了。"上课的时候居然睡觉？妈妈听到这话就生气了，责备："上课时睡觉，你说我辛辛苦苦挣钱供你读书，你都做啥了？"女儿有些委屈："我觉得困了就小眯了一会儿，睡了起来看见老师正在讲课，我都不知道自己睡了多久，也没人叫我。""睡觉，睡觉，我让你睡觉！"妈妈开始拿着鸡毛掸子打女儿，只听见女儿的哭声。

过了一周学校开家长会，老师向妈妈反映："孩子很喜欢上课时睡觉，当着全面同学的面都批评了好几次，她还是这样，一点也不改进，希望你们可以敦促一下。"妈妈回到家，对女儿又是一顿打骂，女儿挂满泪水的脸，有一丝幸灾乐祸的笑容。

心理学家认为，父母与孩子之间的沟通，孩子是掌握着主动权的，因而有的父母就会说"他心里有什么想法，那也得开口向我说，否则我怎么能走进他的内心世界呢"。其实，孩子心中都有一定的惧怕心理和羞涩心理，即便自己是有一些想法，也不会主动告诉父母，而是需要父母诱导孩子说出来，或者父母通过自己的方式来了解孩子，走进孩子的心灵世界。教育专家认为，要想走进孩子的心灵世界，就要和孩子交朋友。

小贴士

1. 主动与孩子的老师沟通

有的父母没有主动与孩子老师沟通的习惯，他们认为孩子在学校就应该是学校的责任，如果孩子有了什么事情，老师会主动联系自己的。其实，每个班级那么多学生，老师根本无法顾及每一个学生，这就需要父母主动与老师交流。这样，父母能及时地了解孩子的学习表现和思想素质，还能够积极主动配合老师对孩子存在问题进行纠正，便于父母与孩子进行顺畅沟通，了解孩子最近的表现，有助于走进孩子的心灵世界。

2. 冷静处理孩子的过错

明明知道孩子做错了，父母也应该保持冷静的心态，冷静地处理孩子的犯错行为。这时候，如果父母的情绪失控就意味着中断了自己与孩子的谈话，在孩子内心他是不希望看到父母失望的，一旦父母表现出过分的失望和担忧，就会造成孩子隐瞒真实想法的严重后果。所以，当孩子犯了错误，父母要为孩子设身处地着想，要为孩子分忧，不要对孩子的所作所为大肆发表自己的意见或者大声指责，这样孩子就会对父母说出自己内心的想法和秘密。

3. 了解孩子的内心世界

有的时候，孩子并不愿意向父母坦白自己的想法和意见，甚至也不愿意与自己的好朋友交流，他们喜欢写成作文和日记。这时候，父母可以从孩子的作文和日记中了解他的内心世界，当然，看孩子的作文和日记，一定要征求他的同意，毕竟日记是孩子的隐私，暴露出来是需要勇气的，这需要父母理解。

4. 与孩子成为朋友

父母要想主动走进孩子的内心世界，就要与孩子进行密切接触，消除距离感，成为"零距离"的知心朋友，这样孩子才会把自己的一些想法做法告诉父母。这时候，孩子把父母不当作高高在上的父母，而是当一个可以交心换心的好朋友，孩子对父母不会保留自己的秘密。

5. 重视孩子的内心需要与感受

父母需要重视孩子的内心需要与感受，体会孩子的心声、苦恼，鼓励孩子表明自己的想法和感受。有时候，父母可能会不赞同孩子的一些行为，但是孩子内心的感受也是可以理解的。父母要明确，孩子对事物的感受或心理活动往往比他的思想更能引发他的行为。所以，父母应该重视孩子的感受，并对他的感受认真加以理解和评价，这样会促使孩子在你面前展露一个真实的内心世界。

6. 给孩子战胜困难的勇气

当孩子面对没有做过的事情，或没有把握的事情，或者面对困境和挑战的时候，最希望得到父母真心的鼓励。告诉孩子"你能行""不要怕""再加把油""你是个勇敢的孩子""要有点冒险精神呀，宝贝"，可以鼓励孩子勇敢面对，大胆进取，不断努力和尝试。

7. 认可孩子的观点和行为

孩子往往希望可以从大人那里得到认可，但我们似乎总是让他们失望。告诉孩子"你的看法有道理""你一定有好主意""你的想法呢"，而不要轻易否定他们的看法和想法，不要驳斥他们的意见，学着鼓励孩子的意见，表达出自己的心声让他们按照自己的想法去做做看，去试探一番，宁愿他们从中得到教训，也不要轻易否定他们。没有试过，你怎么知道自己一定就比孩子们高明呢？

8. 珍视孩子的进步

随时都要看到孩子的进步，并及时给予赏识，会让孩子重新建立做好事情的勇气和信心，否则会让孩子失去前进的动力。对于孩子任何的一点进步，都应该及时给予鼓励和称赞，欣慰地对孩子说"你长大了"或者"不要急，慢慢来，你已经有了进步""你一点也不比别人笨，妈妈每次都能看到你的努力和进步"。这些足以让孩子看到你对他的重视，产生"一定会做得更好"的勇气和信心。

理解孩子的想法与意愿

在教育子女方面，父母们容易陷入一些误区，不管孩子在想什么，不管孩子的意愿，而一味对孩子进行批评式或灌输式教育。父母永远站在权威、强势的位置上，就不能理解孩子的想法和意愿，一厢情愿地认为自己"为了孩子好"，总是命令、强压、威胁、以暴制暴反而容易激起孩子的逆反心理，引发激烈的反抗。事实上，要想改变这种现状，就要给孩子和父母平等对话的语境，做孩子的好朋友，好伙伴，才能使家中的沟通氛围更和谐温馨。

父母总是说："我都是为了你好。"这些话实际上是沉重的，它带给孩子的，更多的是一种压力和负担。这些话如此斩钉截铁，不容辩驳，孩子一点小小的反抗都被视为大逆不道，让孩子只能选择内疚感，去顺从。父母对孩子的任何批评的话语再加上这一句"都是为了你好之后"就变得理所当然。许多孩子的天性就会因此被扼杀，最终按照父母的路线去规划、去发展，做他们认为对的事情。

小贴士

1. 征询孩子的意见

当父母制订关于孩子的某项计划或规则的时候，最好听听他的意见。无论是"每天晚上只许玩半个小时的游戏，九点以前睡觉"还是"暑假去参加某某兴趣班或夏令营"最好事先都征求孩子的意见，对于参与制订的计划，孩子更有执行的兴趣和信心、耐心。不要安排孩子的一切，问他"这周末想要怎样安排？"如果孩子太小，不妨给出选择"是去游乐园还是去爷爷奶奶家？"

2. 倾听孩子的想法

父母与孩子所处的地位不同，与孩子所关心的内容不同，想法往往也不一样，父母认为好的，不一定是孩子想要的；父母认为正确的，不一定是孩子认可的。听听孩子的想法与观点，对于孩子合理的想法和意愿，应放手让孩子去独立完成，或者设法满足孩子的合理要求。对于孩子不合理的想法，要先用心聆听，然后给出合理的建议，再让孩子自己去选择，哪怕他在尝试中会摔跤。多问问孩子"你是怎样想的？""说说你的主意？""你觉得这样解决怎么样？"这样才能培养孩子的开放性思维，提高孩子分析问题、开创性想法的能力。

3. 与孩子多互动

在大多数的家庭教育中，父母永远处于主导地位，孩子永远处于被动地位，被迫接受父母的命令和斥责，不管这些多么没有道理。事实上，父母不一定都是正确的，应该尊重孩子作为一个独立个人的思想和意志，让家庭沟通变成一个双向的、互动的过程，父母可以影响孩子，孩子也可以影响父母。父母应多做出自我批评和自省，用语言和行为给孩子树立榜样。少说些"大人说话，小孩别插嘴""按照我说的去做"，多告诉孩子"妈妈也有错""我们也有责任，忽视了你的感受""你有什么想法，说出来看看"会让孩子更重视、更尊重你。

4. 允许孩子申辩

无论孩子做错了什么，请允许他进行申辩，并不要把这些申辩看成是狡辩，强词夺理。申辩也是一种权利，不能要求孩子俯首帖耳，这样的孩子没有前途。发现孩子不合你意，或者做错了事，应该首先思考到底谁出了问题，听听孩子的理由，而不能简单地训斥和责骂。不允许孩子申辩，不但不能使孩子心服口服，还会使他滋长一种抵触情绪，为说谎、推脱责任埋下恶根。孩子申辩本身是一次有条理地使用语言的过程，也是交流的过程，听听他的理由，也许你会觉得孩子这样做并没有什么错。当然申辩不等于强辩，如果发现孩子有推脱责任，强辩的倾向，应该坚持让他认识到自己的错误。

总之，父母学会平等地和孩子交流，不权威俯视，也不强势压迫和命令，倾听然后尊重，实现平等，才能让孩子更服气，家庭氛围也能更融洽。

观察了解自己的孩子

"你了解自己的孩子吗？"在被问到这个问题时，几乎所有的父母都会给予肯定的回答："当然了解！"俗话说："知子莫若父。"每一位家长在一定程度上都是了解自己的孩子的，并且他们能够说出一些孩子的特点。因为从孩子出生起，父母就是孩子最亲密最值得信赖的人，所以，父母可以肯定地说"我很了解自己的孩子"。但实际上，父母自己的看法却是不够全面的，有着很多偏差，以至于出现"察子失真"的现象，这究竟是什么原因呢？

放学路上，女儿一张苦瓜脸，无论妈妈怎么说，她就是不说话。妈妈憋不住了，因为刚才老师向自己反映说女儿上课总是和同桌聊天。妈妈情绪上来了，对女儿不分青红皂白就责备："听说你上课总是跟同桌聊天，你怎么回事呢？妈妈这么辛苦到底是为什么呢？你为什么总是做一些令妈妈伤心的事情呢？"女儿一脸委屈："我没有，我只是……"孩子还没来得及说完，妈妈就叫道："你只是什么？只是上课说话吗？你为什么总是喜欢为自己找借口呢？难道做了错事，还理直气壮地为自己找借口……"

回到家，女儿在日记本上写着："今天我感到很难过，因为妈妈在不了解真相的情况下批评我，也不问我为什么要这样做，就直接说我不对。其实当时是老师讲到了一个难题，同桌觉得没理解，就小声询问我，我当时就跟她讲解清楚。没想到就这样一件小事，老师冤枉了我，妈妈也冤枉我，难道我真的做错了吗？"

在现实生活中，许多父母经常与孩子在一起，却对孩子的一些行为表现熟视无睹或者视而不见，大多数父母忙于自己的事业发展，为生活琐事所累，他们很少有时间来观察孩子、了解自己的孩子，所以，在父母心中并没有形成对孩子正确、全面的认识。其实，了解孩子才是教育孩子的前提。如果父母对自己的孩子都缺乏一定的认识，那又何谈教育呢？

英国教育家、思想家洛克指出："教育上的错误比别的错误更不可轻视，教育上的错误正如配错了药一样，第一次弄错了，决不能弄错第二次，第三次去补救，它们的影响是终身洗刷不掉的。"家庭教育也是一样的道理，父母是孩子的第一任老师，担负着教育孩子的责任，这时候，父母首要的任务就是观察并了解自己的孩子。

小贴士

1. 充分了解自己的孩子

有的父母觉得自己天天与孩子在一起，对他难道还不够了解吗？其实，许多父母对孩子的了解还停留在表面上，并没有通过细心的观察，他们的了解并不细致，也不够深入，没有从整体上把握孩子。父母可以在下班后，与孩子进行交谈，建立信任关系，观察孩子的情绪、性格特点、兴趣爱好，充分全面地了解孩子。

2. 判断孩子切忌片面性

有的父母观察了孩子的行为，但他们总是带着片面的心理来判断孩子，对孩子的想法、行为以及做事判断得都不够准确。有的父母看到孩子某些方面很迟钝，就认为孩子很"笨"；有的父母觉得孩子唱歌不错，就觉得应该让他学习唱歌。父母这样片面性地判断，对孩子的成长极为不利。

3. 经常与孩子聊天

在现实生活中，不少家庭存在着与孩子谈话不足的问题。许多妈妈与孩子每天的谈话都少于30分钟，爸爸则更少。但是，父母却花了更多的时间购物或者看电视，其实，作为父母，养成与孩子谈话的习惯非常重要。父母经常与孩子沟通，有利于培养孩子乐观开朗的心理素质，减少和预防心理障碍的发生。而且，父母在与孩子的谈话过程中，还可以通过对孩子语言举止的观察，了解到孩子在这一成长阶段表现出来的特点。

4. 观察孩子与同龄孩子的异同

除了观察自己的孩子以外，父母还要善于观察与自己孩子同龄的孩子。同龄孩子的身体、智力、心理发展特点都是类似的，如果自己的孩子最近比较沉默寡言，这说明他有心事了，或者比较早熟。而且，父母还可以制造一些情景，比如带着孩子参加活动，带着孩子造访亲友，这样都可以观察孩子与平时不同的表现，了解孩子的行为特点。

其实，孩子就在身边，关键是父母要做一个有心人，要通过孩子的一举一动，一个表情，或者是一句语言，了解他的心理、情绪，全面了解孩子，把握孩子内心深处的东西，从而对孩子进行有针对性的教育，促进他个性的发展。

多给孩子鼓励和微笑

许多父母都很关心孩子的学习，眼睛总是死死地盯住孩子的学习成绩，每天就像例行公事一样冷冰冰地问候孩子"今天学习怎么样""考试了吗，考得怎么样"，望子成龙、望女成凤的心切让他们忽视了孩子的健康，尤其是孩子的心理健康。当父母问候孩子学习情况时，是否有问"你今天过得快乐吗"，即使孩子有愉快的心情，在父母冷冰冰的语调下，以及板着脸的注视下也会消失得无影无踪。于是，父母抱怨"孩子越大越不听话，连父母的话都不听了""感觉到孩子与我有了很深的隔膜，也不像以前那样跟我亲近了"，问题的根源就是父母的微笑太少了，责备太多了；鼓励太少了，批评太多了。当孩子想与父母进行有效的沟通，父母却关紧了自己那扇心灵之门，只留给孩子一张面无表情的面孔，试问，孩子还会与你亲近吗？

妈妈有些望女成凤的迫切心情，平时最关心就是女儿的学习。每天女儿高高兴兴、蹦蹦跳跳地背着书包放学回来时，总是兴高采烈地喊上一句："爸爸妈妈，我回来了。"在书房里忙活的爸爸应了一声，妈妈则板着脸问："今天学习怎么样？布置了哪些作业？最近又考试没有？考得怎么样？"在妈妈的连珠炮般的追问下，女儿一张笑脸变成了苦瓜脸，悻悻地提着书包进屋学习去了。时间长了，女儿就有意地避开妈妈，放学回来也不像以前那样兴高采烈地高升呼喊他们了，而是偷偷地溜进自己的房间，有时候甚至把门也锁上。隔着房门，妈妈也是语气冷淡地问："这次考试怎么样？"只是传来女儿闷闷的一声"嗯"。

离期末考试越来越近，妈妈感觉到了女儿与自己的距离越来越远了，女儿话更少了，总是一种郁郁寡欢的样子，有时候还发现早上她偷偷地抹眼泪。妈妈问她，她也不吭声，妈妈慌了，这女儿是怎么了。

心理学家研究发现，健康性格是感受和创造快乐的很重要方面，注重培养孩子快乐的性格，有利于孩子健康成长。孩子需要父母的微笑、需要父母友好的态度，而不是公式化的语调或者面无表情的一张脸。有时候，当父母在抱怨"孩子开始疏远自己"，这时候很大程度上都是源于父母对待孩子的态度。虽然父母是成年人，可能会有许多生活和工作的烦恼，但是在面对孩子的时候，请对孩子多一些微笑，走进孩子的心灵深处，了解他的思想，把你的快乐传递给孩子，缩短与孩子之间的心理距离。

小贴士

1. 营造和谐愉快的家庭氛围

有的家庭，气氛比较容易紧张，父母总是板着一张脸，为了点点小事就吵架。心理学家认为，在这样家庭环境中长大的孩子，容易疏远父母，甚至容易出现不良的行为。家庭对于孩子来说是一个温馨的港湾，一个可以嬉笑快乐的地方，愉快的家庭气氛可以使孩子养成乐观积极向上的性格。同时，增加了父母与孩子之间的亲密度，因为父母那友好的笑脸给予孩子信任与温暖。所以，父母之间互敬互爱，多对孩子笑笑，家庭气氛充满了欢声笑语，对孩子来说是非常有必要的。

2. 在孩子面前控制自己的情绪

有时候，父母也会因为工作和生活上的一些烦恼而愁眉苦脸，这时候，为了孩子健康成长，需要努力控制自己的情绪，面对孩子露出笑脸，让他感染快乐的情绪，与自己亲近起来。许多父母自己有了烦恼，就会对孩子大吼大叫，冷着一张脸，说话也是冷淡的语调；有的父母遇到孩子犯了错，控制不住自己的情绪，对孩子施行打骂教育。这样时间长了，孩子就会逐渐远离父母，与父母之间的隔阂越来越深，根本不利于父母与孩子之间的顺利交流。所以，在孩子面前，父母需要努力控制自己的情绪，多给孩子一点微笑，多一些鼓励，这样孩子与你的距离就越来越近。

3. 多一些微笑与鼓励，少一些责备与批评

家庭教育是教育的重要部分，家庭教育的方式也成了重中之重。父母对孩子要多一些微笑与鼓励，少一些责备与批评。责备越多，孩子所受到的心灵伤害就越多，他的心对你增加了防御与反抗，父母与孩子之间的距离就会越来越远。所以，父母要改变自己家庭教育的方式，给孩子多一些微笑与鼓励，少一些责备与批评，做孩子最亲近的知心朋友。这样，在孩子的成长路上，你才能走进孩子的心灵世界，读懂孩子的真实内心。

在孩子逆反期，父母与孩子之间若没有建立好平等和谐关系，孩子不仅得不到应有的尊重，还会对孩子的心理成长造成影响，父母也会失去孩子的信任。父母与孩子的亲密沟通，其实就是父母与孩子心灵的碰撞。

溺爱会连累孩子

父母对孩子的溺爱，大体有这样几种：特殊待遇，给孩子吃独食，让孩子充满优越感，变得自私、没同情心，不会关心别人；过分注意，由于父母的过分注意，孩子经常无所适从，不但他的主动性会受到影响，而且将会更加以自我为中心；凡是包办代替，家里大小事都包办代替，即便孩子可以做的事情，父母都全权代替；小病大惊，孩子有一点点小病小痛，父母就会失去镇静，大惊小怪。

溺爱会让父母经常保持脆弱的神经，而这样的"脆弱"会连累孩子。父母经常性的担忧会感染孩子，让孩子也变得胆小怕事。而父母对孩子的关心面面俱到，无微不至，这样做的结果是惯坏了孩子，导致他们对家庭，特别是对母亲过分依赖，并慢慢形成懦弱、胆怯的性格，不但使孩子的独立生活能力差，而且难以很好地与周围人相处。

孩子从小需要被宠爱，但父母不能溺爱。"爱子如杀子"是几千年古人经验传下来的，不是一句空头话，要正确的爱，孩子才会有自己的天地和观点。父母不要把自己的人生观、价值观、审美观强加给孩子。对孩子不合理的要求也予以满足，父母应该做的是对孩子既严格，又要给他们宽松的一片天地，正确引导孩子的思想、教育孩子坚强地面对生活。

父母是孩子的第一任老师，一旦父母对孩子采取溺爱、迁就的教育方式，将孩子放到比父母还高的位置，包办代替他的一切，那时间长了，孩子就会变得以自我为中心，这样的孩子往往比较软弱，不会考虑别人的感受。甚至，有的孩子提出的要求得不到父母的响应时就会采取极端的方法，在孩子看来，自己的要求就是命令，而父母以前从来没有拒绝过，孩子潜意识里根本就没有"自己得不到的东西"这样的想法。

小贴士

1. 对孩子不要搞特殊对待

在家里，每位成员都是平等的。假如任何时候都给孩子特殊待遇，有什么好东西都给他留着，会让孩子感觉自己是高人一等的。这样一来孩子就会感觉到自己的特殊地位，习惯于高高在上，长大后肯定会变得自私，缺乏同情心，不关心他人。

2. 不要以孩子为中心

许多家庭里都习惯以孩子为中心，家里的事物安排几乎都是围绕他。即便是客人来，所谈论的都是关于孩子的话题。这样太关注孩子，以他为中心，孩子便容易骄傲。孩子会觉得自己才是家里的中心，因而会更加肆无忌惮。

3. 别总是满足孩子的要求

父母对孩子的要求需要认真考虑，不能孩子要求什么就给什么。有的父母总是担心他会生气，所以就会对孩子百依百顺。对孩子的要求总是有求必应，必然会养成孩子不珍惜物品、喜欢物质、浪费金钱等不良性格。

4. 对孩子不能全权包办

许多父母担心孩子做不好事情，于是几乎所有的事情都会代替孩子去做，结果导致孩子到了十一二岁还需要父母洗衣服，十三四岁了还不会做简单的家务。在这样溺爱下的孩子不但不会变得勤劳，同时也缺少同情心和上进心。

5. 对孩子不宜过分保护

实际上孩子并不是天生就娇弱，往往是父母对孩子过分的保护导致孩子胆子越来越小。假如父母在确保孩子安全的情况下，少一些担忧，多一些鼓励，即便在孩子摔倒之后也不要大惊小怪，而是没事地对孩子说："宝贝，没事，赶紧起来，妈妈知道你最勇敢了。"这样孩子就会自己爬起来，也不会变得懦弱胆怯了。

6. 别总是祖护他

孩子在外面和别的朋友有了争执，有的父母总是偏向、保护自己的孩子，而不管孩子是否做得对。而在许多家庭里，一旦孩子受到父母的惩罚，爷爷奶奶总是出来替孩子说话，时间长了，孩子就会将家里对自己管教较松散的人当作"保护神"。这样的结果不但会让孩子性格扭曲，甚至会影响到家庭的和睦。

7.尽量把孩子接到身边来

许多家庭因为工作的关系，往往会把刚出生没多久的孩子交给爷爷奶奶或外公外婆带。这种隔代的抚养，往往会造成许多溺爱成分，而通常在这种环境下长大的孩子比那些从小由父母带大的孩子更加娇生惯养。所以，在孩子记事以前，尽可能地将孩子接到自己身边。

如何解决亲子冲突

青春期是孩子生理上的突变期，个体的生理发育迅猛，在一系列生理变化的推动下，个体的心理进入了飞速发展和变化的时期，特别是以智力的发展、自我意识的增强、性意识的觉醒和发展，以及情感的丰富和矛盾为特征。智力的发展和自我意识的增强，使孩子独立意识空前高涨，希望摆脱控制，要求自己做主。而性意识的觉醒和矛盾的情感体验，会让父母一时无法适应，本能地加强对孩子的控制，于是就产生亲子间的冲突。

中国传统文化影响下的父母是拥有相当家庭权威感的，遭到孩子的挑战自然是不甘心的。特别现在独生子女的父母，在孩子小的时候，往往过于宠爱，让孩子养成了坏脾气，到了青春期更是失控。而社会的快速发展，令两代人的观念和行为方式的差距拉得更大，没办法互相认同，这使亲子之间更容易起冲突。这时再加上父母也处于更年期，若发生冲突就会火星撞地球，最后闹得不知如何收场。

青春期孩子表现叛逆、渴望自由、无拘无束、有自己的思想，而大多数更年期的父母焦躁、烦闷，遇到不如意的事情就脾气急躁。当孩子做错事或有看不顺眼的地方，就会一顿责骂，有的甚至对孩子拳脚相加。父母的爱心需要体谅，孩子们尚未健全的心灵更需要保护。一旦孩子的自尊心、好胜心极强，那愤怒、羞耻的情绪就会随之而来，轻则生气，重则离家出走。这会让更年期的父母难以理解：为什么我一心为他好，他却这样对我，还离家出走，我到底有哪一点对不起他？人与人之间最重要的沟通，是理解，孩子把自己的想法说给父母听，父母也要配合孩子，给他们创造一个宽松的空间可以畅所欲言，不要给他们太多的压力。孩子毕竟是孩子，阅历尚浅，有许多方面还需要父母多包容。

小贴士

1. 和孩子做朋友

父母毕竟是成年人，在家庭中处于主导地位，应从自己的言行上做出表率，发出和平的信号，赢得孩子的理解，平复孩子的情绪。父母要和孩子站在平等的角度上，学会和孩子做朋友，尊重孩子，信任他，给孩子适当的空间去做自己的事情。比如进孩子的房间先敲门，不要追查孩子的电话和日记等；当孩子想要和同学们出去或者做一些自己喜欢的事情，在保证孩子安全的前提下，问问孩子的需求，为他提供他所需要的帮助。

2. 学会倾听孩子的心里话

父母一定要学会倾听孩子，听听孩子在学校的趣事，听听孩子讲讲自己的理想，说说自己的朋友，兴趣爱好等。站在孩子的角度，跟上时代发展的步伐，去了解孩子感兴趣懂的东西。这样做一方面有助于了解孩子的心理状态，另一方面可以找到和孩子更多的共同语言，建立沟通的桥梁。

3. 鼓励和支持孩子

父母要学会鼓励和支持孩子，每天需要找孩子表现良好的方面。不管大小事，都需要在言语和行动上支持鼓励孩子。俗话说，好孩子都是夸出来的，不是挑剔出来的。一味的指责和挑剔，只能让孩子感觉到自己一无是处，对家感到恐惧和怨恨。

4. 不要总盯着孩子的成绩

父母不要总紧盯着孩子的学习成绩不放，紧张和焦虑并不利于学习成绩的提高，反而可能会导致孩子厌学。允许孩子的成绩有起伏，鼓励和帮助孩子自己寻找解决问题的办法。孩子在学校里有老师每天监督学习，父母需要做的是在家为孩子创造一个轻松愉悦的成长环境。当一个孩子心理健康，积极向上，父母又对孩子信任和支持，尊重和理解，孩子会懂得应该做什么，怎么去做。

5. 与孩子签订小协议

父母不妨和孩子签订一个小协议，相互约定几项可以操作性的条例，积极地去执行。比如，当父母发现自己情绪不稳定或孩子情绪不稳定时，双方各自冷静三分钟，之后再互相心平气和地交流。允许孩子和父母犯错误，不过犯错误的一方需要及时向对方道歉，并争取下次改过等。

6. 爸爸做好"和事佬"

当更年期的母亲遇到青春期的孩子，这时就需要父亲在家庭当中充当重要角色。在母亲与孩子之间，父亲就是润滑剂和监督者，监督母亲和孩子之间遵从签订的协议，积极执行。毕竟，一个和谐温暖的家庭环境，可以很有效地平复青春期和更年期的动荡。

选择解决矛盾的合适方式

在传统家庭教育中，孩子听父母的话是理所当然的，父母往往不太尊重孩子的意见。经常是父母决定包括填报高考志愿、找工作和选对象等所有孩子的人生大事，扼杀了孩子的个性，最后让孩子成为没有主见的人。随着社会的不断进步，现在的孩子变得越来越有自己的看法了，不再对父母的意见唯命是从了。于是，父母与孩子容易产生矛盾。

父母和孩子解决矛盾的方式，不管是在目前还是在以后都会直接影响到孩子和其他人相处的态度。假如父母常常以蛮横或暴力方式去解决问题，由于孩子在家里没有学习到正确的解决矛盾的方法，他在进入社会后就会产生很多问题。而在每天充满争吵、暴力或回避矛盾的家庭环境下成长起来的孩子，通常不懂得怎么样去解决与他人之间的分歧。

小贴士

1. 不要对孩子做无原则的让步

当矛盾产生的时候，有的父母表现得过于宽容，因为他们不想伤害孩子的感情，更不愿意听到孩子说："我恨你。"通常这类父母在年幼时受到过严厉管教，所以会采取完全相反的教育方法。父母十分感慨："我希望孩子觉得他的父母都是平易近人的，就像他的朋友一样，他在我面前可以无拘无束，自由自在。"在与孩子发生冲突时，父母有时不得不对孩子做出让步，因为父母不想破坏和孩子建立起来的良好关系。

不过，无原则的让步会使孩子养成以自我为中心的性格，变得调皮捣蛋，难以控制，成年后会成为一个自私自利的人。父母要用纪律约束才会让孩子成为一个懂得自律的人，在孩子暴躁的时候，父母要想办法让他安静下来，习惯对孩子说"不"，让孩子知道，并非什么时候都是自己说了算，使他慢慢地学会为别人着想和尊重父母。

2. 不要一味地回避与孩子的矛盾

当孩子在学校里考试作弊被老师抓到之后，若父母会说：

"我的孩子是不会这样做的。"这样的父母通常不愿意正视孩子所犯的错误，当问题出现时，他们的第一反应就是推卸责任。青春期孩子具有叛逆性，要说服他们并不是一件容易的事情，有许多父母不愿意和孩子正面交锋，而是采取冷处理回避矛盾的方法。尽管适当的降温是一件好事，不过一味地回避矛盾，其结果就是孩子长大后不懂得如何正面解决矛盾。

父母要习惯和孩子面对面地解决矛盾，假如现在忽略矛盾的存在，那结果是令人难过的。由于问题没有马上得到解决，会让心情变得焦虑和压抑，这种不良情绪积聚到一定量就会像火山一样爆发，会使父母把怒火发泄在孩子身上，结果只会加深孩子的对抗情绪，把事情弄得更糟。

3. 避免专制地解决矛盾

有些父母经常大声斥责孩子，甚至使用羞辱和恐吓的方式，尽管大多数父母并不认同这样的做法，但他们就是控制不住自己的情绪。在这样的家庭教育下成长起来的孩子，长大后会出现两个极端：要么成为一个专横跋扈的人，要么成为一个恐惧矛盾的胆小鬼。当父母愤怒地责骂孩子时，可以想一想自己愤怒背后的愿意。假如孩子在自己情绪不佳时顶撞自己，不妨暂时离开一会儿，等自己的心情平静了再回来继续讨论，这样会收到良好的效果。

父母可以用简单的话语表达自己的要求，毕竟长篇大论的谈话会慢慢演变成批评和指责，会让孩子生厌。父母可以简单地说："是做作业的时候了""你该整理一下床了"，或者干脆不说话，只是在孩子看得到的地方贴上字条就行了，这样的方式会让孩子感到自己受到尊重，心里也比较容易接受父母的要求。

4. 多采用与孩子商量的方式

当父母和孩子的意见出现冲突的时候，采用和孩子商量的方式更容易被孩子接受，孩子会从中学会怎么样客观地看问题。比如，"你可以帮我把东西拿回来吗？""你可以再仔细考虑一下吗？"商量型的家庭教育是双方都要做出合理的让步，采取折中的方法，不过需要掌握好退让的原则，切不可放弃父母的权力。父母可以把不可商量的事情列出来，比如"尊重个人隐私""先作业，后玩""10点以前睡觉""每个月的零花钱定额，不能超支"等，让孩子预先知道这些原则，当你和孩子商量时就有据可循，掌握主动权了。

5. 引导孩子怎么做

引导法是解决父母和孩子之间的矛盾最好的方法，可以平静、明确地指出孩子行为的后果。父母可以说"你要怎样做，才能干什么""如果你不这样做，我就会那样做"，这样的话听起来合情合理，不带任何恐吓成分，让孩子明白要对自己的行为负责。

要成为引导型的父母，你对孩子的要求越具体越好，比如"在周末收拾好你的房间后才能出去玩"，父母的要求越具体，孩子就越愿意按你的要求去做。假如孩子还是不听话，那父母就要把自己的话付诸行动，让他明白父母是说话算数的，自然父母的威信也树立起来了。

如何与逆反孩子正确交流

现代社会，越来越多的叛逆孩子出现，且叛逆期限在不断地加长，这主要是因为父母们不懂如何走进孩子的心里，如何和孩子们正确地交流。每当孩子遇到问题，想和父母们咨询、交换意见，不过或许是表达方式的问题，有些父母只会一味地教训和打骂。这样不正确的沟通方式，只会让父母和孩子之间的距离越来越远。

实际上，想要改善与孩子的关系并不难，只要父母愿意去理解、宽容、尊重和关注他。随着年龄和阅历的增加，孩子开始有自己的想法，尽管他们暂时没办法分辨出想法的好坏，不过他们的天性比较敏感，假如父母没办法给予他们理解、宽容、尊重和关注，他们就会关注自己，甚至产生逆反心理，造成和父母关系疏远。

父母与孩子关系疏远的话，会造成许多负面影响，比如孩子提早进入青春期、早熟等，心理上也会产生强烈的自卑感。不管孩子独立与否，内心都渴望得到父母的关怀、肯定和认同。假如父母与孩子关系不好，孩子内心自卑的种子会不断萌芽、成长，甚至影响正常的生活。

青春期孩子有一些想法，或许并未成熟，考虑也不太周全，这时做父母的尽管有责任和义务去避免孩子犯错，但是更应该小心地顾及他的感受，愤怒、指责、批评甚至打骂最容易伤害父母与孩子之间的感情。

小贴士

父母想要与孩子关系升温，可以参考下面几个方法：

1. 注重亲子教育

孩子非常在乎父母是否全身心投入关注他们的成长，有的父母尽管与孩子常年在一起，不过不一定常常沟通。大多数父母都以忙为理由，忽视亲子教育。父母的亲子教育应走在生理、心理发展的前面，因此父母应全身心地投入孩子的教育，不断学习，提升教子能力，才可以赢得孩子的尊重和爱戴。

2. 与孩子成为朋友

在孩子的心中，非常希望妈妈成为知己，爸爸成为自己最好的朋友。因此想要与孩子关系升温，不仅要理解、宽容、尊重和关注孩子，还应该想办法成为孩子的朋友。

3. 平等的情感交流

人是感情的动物，孩子也不例外。父母在平时应该多注重和孩子进行情感交流，不要因为是父母就觉得放不下面子。孩子因为不够理性，在许多事情考虑得并不全面，这时假如可以得到父母的帮助，他就会对父母产生崇敬和感激之情。

4. 多花时间陪伴孩子

即便工作再忙，也要抽出一定的时间来和孩子交流，能经常听听孩子的想法，了解孩子在学习和生活中的困扰，并帮助他解决这些困扰。父母需要花很多时间来关注孩子成长过程中的细节，有些细节会影响孩子健康成长的，因此千万不能忽视。与孩子交流多了，亲子间的关系自然而然就改善了。

5. 尊重造词造词词孩子

有些父母看到孩子犯错，便会当起"法官"，而孩子的内心世界丰富多彩，他有自己的看法和观点，父母应积极地影响、教育孩子，了解其内心。这意味着父母要与孩子成为朋友，经常沟通。

6. 让孩子知道父母的关心

让孩子知道他的行为，以及父母对孩子的关心。比如孩子放学后很晚回家，父母可以告诉孩子"你这么晚才回家，我会担心你的安全"。父母和孩子可以利用"互换角色"的游戏，让孩子了解彼此的处境和感受。当家庭面对困境时，父母也可以坦白告诉孩子，让孩子明白谅解，那孩子自然懂得感恩。

7. 给孩子提供一定的自由空间

父母最大的挑战就是怎么样与孩子保持亲密关系的同时，给予孩子一定空间和自由。这确实不容易做到，不过这对于那些越来越大的青春期孩子而言，是必需的。

8. 敢于向孩子认错

许多父母明明知道自己是不对的，也不会向孩子承认错误，认为这是丢面子的事情。假如父母发现有错误和缺点，需要及时承认，在适当的时候，向孩子表达自己的歉意。告诉孩子，父母与他们一样，正在努力成为一个更好的人。这不但给孩子起到很好的榜样作用，也会给孩子传达一个信息：做错事要勇于承认错误，承担责任。

9. 不吝惜赞美孩子

当孩子做了正确的决定或事情时，父母要及时表扬。赞扬会让孩子觉得自己的决定和成功是受到重视的，同时自己的能力是得到肯定的。当孩子犯错时，也不要采用打骂等简单粗暴的方式惩罚，而是与孩子讲事实、摆道理，通过交流让孩子认识到自己的错误。这并非说对孩子放任不管，对孩子的错误需要严厉指出，并做出相应的解释，让孩子明白自己错在什么地方，需要怎么改正，最终问题得到很好的解决，在很大程度上也改善了亲子间的关系。

参考文献

[1]路易丝·埃姆斯，弗兰西斯·伊尔克，西德尼·贝克.你的13~14岁孩子[M].玉冰，译.南昌：江西科学技术出版社，2013.

[2]王莉.青春期孩子的正面管教[M].长春：北方妇女儿童出版社，2015.

[3]李静.陪孩子度过7~9岁叛逆期[M].北京：北京时代华文书局，2017.

[4] 杰弗里·伯恩斯坦.叛逆不是孩子的错[M].陶志琼，译.北京：机械工业出版社，2017.